Dr. med. vet. Katja Sauer

B.A.R.F. BIBEL

EIN MEDIZINISCHER RATGEBER

Umfassende Infos rund um den Hund finden Sie
in unseren regelmäßig erscheinenden Printmagazinen.

Besuchen Sie uns im Internet unter **www.minervaverlag.de**.

INHALT

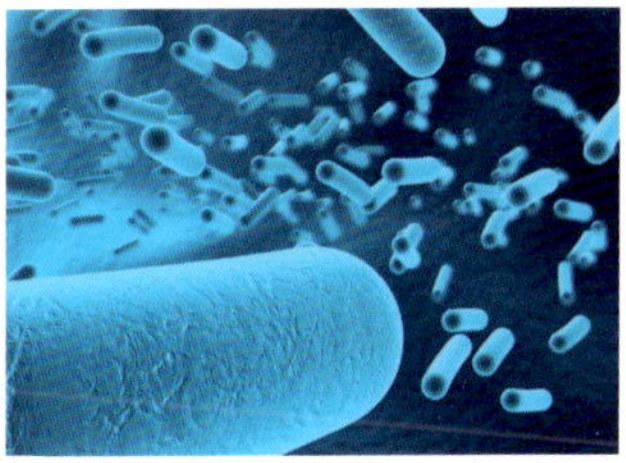

1 BARFEN - EINE KLEINE EINLEITUNG

Der Begriff BARF ist zum Begriff geworden: Als Züchtertipp, in Gesprächen auf der Hundewiese und als Diskussionspunkt mannigfaltiger Internetforen. Wussten Sie, dass es sich dabei um eine Abkürzung handelt, die ursprünglich spöttisch gemeint war? Als „Born again raw feeders" – auf deutsch: „Neugeborene Rohfütterer" - bezeichnete die Kanadierin Debbie Tripp Anhängerinnen und Anhänger einer Ernährungsweise für Hund und Katze, die zum Ziel hat, die Tiere ausschließlich mit ungekochten Lebensmitteln zu ernähren.

Da Debbie Tripp, die Wortschöpferin des „BARF", im Laufe der Zeit selber Gefallen an der Fütterungsmethode fand, behielt sie die vier Anfangsbuchstaben später zwar bei, veränderte ihren Sinn jedoch in „Bones and Raw Food", übersetzt „Knochen und rohes Futter". Billinghurst selber *(siehe Infokasten)* dürfte die Bedeutung in Richtung „Biologically appropriate raw food", „biologisch angemessenes rohes Futter" abgeändert haben. Als deutscher Begriff hat sich daraus die Erklärung „Biologisches Artgerechtes Rohes Futter" eingebürgert. Dass „barf" darüber hinaus ein umgangssprachlicher englischer Ausdruck für „sich erbrechen" ist, sei mit einem Augenzwinkern im Hinblick auf den Umgang mit rohen Schlachtabfällen und Innereien hinzugefügt.

Zunächst in den Vereinigten Staaten von Amerika, inzwischen auch hier in Deutschland hat sich die Anzahl der Hundebesitzer, die diesem Konzept folgen, immer weiter vergrößert. Dazu trägt ein allgemeines Bedürfnis nach möglichst natürlicher Ernährung bei, sowie für den Tierbesitzer schwer zu durchschauende Praktiken der Futtermittelkonzerne, die den teilweise auch begründeten Verdacht nahe legen, dass so manches Fertigfutter tatsächlich nicht die Idealform der Ernährung für den Hund darstellt. Immerhin wurden in einer Untersuchung von Stiftung Warentest 2010 acht Futtermittel aufgrund von Laboranalysen als mangelhaft bewertet, weil sie sogar Mangelerscheinungen beim Hund auslösen können; die Qualität der Rohstoffe sei an dieser Stelle außen vor. Wer sich mit der natürlichen Ernährung des Wolfes als Vorfahr

info

Den Anstoß zu der „neuen" – im Grunde ja sehr ursprünglichen – Fütterungsweise lieferte ein im Jahre 1993 veröffentlichtes Buch mit dem Titel „Give your dog a bone" („Gib Deinem Hund einen Knochen"). Es wurde von einem amerikanischen Tierarzt geschrieben, der in der Folge mehrere weitere Bücher zum Thema BARFen verfasste, Lehrgänge zur Rohfütterung anbot und inzwischen auch fertig zusammengestellte Rohfütterungsrationen für oder gegen verschiedenste gesundheitliche Probleme vermarktet.

unserer Haushunde beschäftigt, stellt fest, dass die kommerziellen Futter einen weitaus höheren Getreide- bzw. Kohlenhydratanteil enthalten, als das für die Ernährung des Hundes natürlicherweise vorgesehen ist. Getreide ist ein kostengünstiger Füllstoff und wird deshalb ungeachtet des Sinns für die Hundeernährung gerne verarbeitet. In wie weit das praktisch gesehen gesundheitliche Probleme auslösen kann, solange der Hund insgesamt mit allen Nährstoffen ausreichend versorgt ist, bleibt unklar. Studien, die nicht von der Futtermittelindustrie unterstützt werden, sind rar.

Viele versprechen sich von der Art der Ernährung, in diesem Fall speziell von einer Umstellung auf Rohfütterung, die Lösung gesundheitlicher Probleme. In der Tat nimmt die Zahl der hündischen Patienten, die unter einer Futtermittelallergie leiden, zu, und interessanterweise reagieren des öfteren Tiere, die bestimmte Nahrungskomponenten einer selbst zubereiteten Diät vertragen, auf ein aus den selben Bestandteilen zusammengesetztes kommerzielles Futter dennoch mit Juckreiz *(Quelle: 6)*. Eine selbst zubereitete Nahrung aus für das Tier verträglichen Bestandteilen ist somit bei Futterallergikern in der Tat das Mittel der Wahl, wobei es für diesen Zweck eigentlich keine Rolle spielt, ob die Bestandteile roh oder gekocht verfüttert werden. Ganz unabhängig von Allergien gibt es aber auch Berichte, dass die Hunde nach einer Umstellung von Fertig- auf Rohfutter durch glänzenderes, gesünderes Fell auffielen. Dies sind, wie gesagt, Erfahrungsberichte. Wissenschaftliche Vergleiche gibt es nicht, und auch die Qualität und individuelle Verträglichkeit des vorher gefütterten Fertigfutters spielen natürlich eine Rolle. Aber ganz weg von wissenschaftlich überprüfbaren Fakten: Das psychologische Moment ist ein erheblicher Faktor bei der Hundefütterung!

Es macht doch viel mehr Spaß, dem Hund beim Kauen frischen Fleischs oder Knacken frischer Knochen zuzusehen als bei dem Verschlingen einer trockenen Ration. Das Kaubedürfnis des Tieres wird stärker befriedigt, der Genuss ist

info

Ein unbestreitbarer Vorteil der Rohfütterung ist, dass der Hundebesitzer sämtliche Bestandteile des Hundefutters kennt, in der Hand hat und sich von ihrer Qualität überzeugen kann. Das ist ganz unbedingt nicht nur psychologisch, sondern auch ernährungstechnisch günstig. Individuelle Vorlieben und Verträglichkeiten des eigenen Hundes können auf diese Weise besonders gut berücksichtigt werden.

sichtbar und das Gefühl, dem Vierbeiner etwas Gutes getan zu haben, wirkt sich wiederum günstig auf die Psyche des Besitzers und damit auf die Mensch-Hund-Bindung aus.

Muss „es" dafür roh sein? Die meisten der aufgezählten Vorteile gelten auch für eine selbst zubereitete gekochte Ration. Allerdings gehen beim Kochen bis zu 70% des Vitamin B1 und ein Teil der Mineralstoffe in das Kochwasser über und sind verloren, falls dieses nicht als Brühe mitgefüttert wird. Dagegen ist die Annahme, Hunde könnten rohes Fleisch besser verwerten bzw. die Eiweiße würden durch das Kochen denaturiert und weniger wertvoll, nicht richtig. Neuere Untersuchungen legen sogar die Vermutung nahe, dass gegartes Fleisch mehr Energie liefern kann als die gleiche Menge rohen Fleischs, weil das Eiweiß im Dünndarm komplett verdaut werden kann *(Quelle: 7)*. Der Zahnpflege und dem Kaubedürfnis allerdings kommt die Verfütterung von rohem Fleisch besser entgegen. Versuchen Sie es also!
Aber Vorsicht: In einigen Punkten liefert die Wissenschaft Erkenntnisse, die Billinghursts Aussagen oder zumindest das, was davon beim Hundebesitzer in der Regel ankommt, relativieren:

- Es ist keineswegs vollkommen einfach, den Hund bedarfsgerecht zu ernähren, indem man ihm eine Auswahl naturbelassener Rohstoffe vorsetzt. Studien haben gezeigt, dass 60 bis 75% aller selbst zusammengestellten BARF-Rationen unausgewogen sind. *(Quellen: 11 u.12).*
- Auch der Wolf kann je nach Beschaffenheit der Umgebung in Mangelsituationen geraten. Natürlichkeit bedeutet daher nicht immer Gesundheit. Ob das Tier davon krank wird und ob die Art der Fütterung lebensverkürzend wirkt, fällt in der Natur nicht weiter auf. Gerade Menschen, die viel über die Ernährung nachdenken, wünschen sich aber in der Regel eine möglichst gesunde Fütterungsweise für ihren Hund.
- Der Einfluss der Ernährung auf die Gesundheit ist sicher wichtig, darf auf der anderen Seite aber auch nicht überschätzt werden. Nicht sämtliche gesundheitlichen Probleme entstehen durch Fertignahrung und verschwinden auf der anderen Seite von selbst, wenn roh gefüttert wird.
- Es werden beispielsweise viele Untersuchungen angestellt, ehe ein Zusatzstoff überhaupt als ungefährlich eingestuft wird. Die Theorie, Zusatzstoffe lösten Organerkrankungen aus, ist demnach pauschal nicht haltbar. Das bedeutet aber nicht, dass man sich nicht subjektiv mit frischer Nahrung ohne Zusatzstoffe wohler fühlen kann – und die Psyche spielt, wie bereits erwähnt, eine entscheidende Rolle für die Gesundheit.
- BARFen ist demnach eine - nicht unbedingt die einzige - gute Fütterungsmethode ist, die Hund und Besitzer gleichermaßen Spaß machen kann. Einige wichtige Grundsätze gilt es zu beachten, eine Gefriertruhe und eine leistungsfähigen Küchenmaschine sind von Vorteil – und dann kann es losgehen!

2 EIN BLICK AUF DEN WOLF

Das reinste Bild auf das, was die natürliche Nahrung eines Hundes ausmacht, bietet die Betrachtung der Ernährungsgewohnheiten des Wolfes. Das kommt dem Ursprünglichen, Natürlichen am nächsten. Denn das, was der wild lebende Hund frisst, ist in vielen Fällen zivilisationsgeprägt. So gehört die Ernährung mit Mäusen und Mülltonnenresten sicherlich nicht zu einer natürlichen, artgerechten Ernähung, sondern sind eher Beweis für die Anpassungsfähigkeit des Hundes.

Die Orientierung am Wolf liefert sichere Hinweise auf die ideale Ernährung des Hundes. Immerhin sind Wölfe die direkten Vorfahren unserer Haushunde; auch, wenn sich die Wege beider Familien schon vor geschätzten 125.000 Jahren getrennt haben. Das veränderte Aussehen in Form von vielen sehr unterschiedlichen Hunderassen und die Menschenbezogenheit der Hunde im Vergleich mit der Scheu der Wölfe sind natürlich auffallende Unterschiede zwischen beiden Familien der Hundeartigen.

info

Das Kiefergelenk von Hund und Wolf lässt im Gegensatz zu dem von Rind oder Pferd keine mahlenden Seitwärtsbewegungen zu. Es ist demnach nicht dafür geeignet, Pflanzenteile gründlich zu zerkleinern. Seine Funktion ist zweifelsfrei die eines Fleischfressergebisses.

Fleischfressergebiss

Das Hundegebiss dagegen, und das ist ja der beste Indikator für die Ernährungsgewohnheiten eines Tieres, unterscheidet sich kaum von dem des Wolfes.

Ein Blick in die Mundhöhle des Hundes lässt erkennen, dass sich im vorderen Bereich sowohl im Ober- als auch im Unterkiefer drei Schneidezähne befinden. Sie sind klein und dienen hauptsächlich zum Abschaben der Fleischreste von den Knochen des Beutetiers. Wesentlich imposanter sind die vier Eckzähne, die auch Fangzähne genannt werden, weil sie mit ihrer gebogenen Form und der kräftigen Spitze besonders gut für das Ergreifen und Festhalten der Beute geeignet sind. Hinter dem Eckzahn (das Fachwort dafür lautet Caninus) schließen sich vier Prämolaren an, wie die vorderen Backenzähne genannt werden. Bis auf die ersten und letzten sind alle Backenzähne mit zwei Wurzeln fest im Kiefer verankert, haben eine höckerige Oberfläche und im Fall der Prämolaren – die hinteren Backenzähne bezeichnet man als Molaren – eine am höchsten über das Zahnniveau herausreichende Spitze. Damit lässt sich die Beute gut zerkleinern, nicht aber wirklich zermahlen, weil breite Kauflächen fehlen. Besonders ausgeprägt sind die letzten Prämolaren im Oberkiefer sowie die ersten

Molaren im Unterkiefer. Sie werden Reißzähne genannt, weil mit ihnen der Hund das Fleisch abreißen und auch feste Teile wie Knochen absprengen kann.

Neugeborene Welpen sind übrigens in den ersten drei Wochen zahnlos. Pünktlich mit den ersten Versuchen, feste Nahrung aufzunehmen, brechen zwischen der vierten und sechsten Lebenswoche die Milchzähne durch. Das Milchgebiss besteht aus drei Schneide-, einem Eck- und vier Backenzähnen je Kieferhälfte, also insgesamt aus 28 Zähnen. Rasseabhängig wird es im Alter von vier bis sieben Monaten vom endgültigen Gebiss mit 42 Zähnen abgelöst.

Dünn- und Dickdarm

Auch der Verdauungstrakt lässt sich bei Hund und Wolf eins zu eins vergleichen. Der Magen ist sehr dehnfähig, dafür ausgelegt, eine große Beute verzehren zu können, wenn das Futterangebot nun gerade mal da ist. Und da Hundeartige, im Gegensatz zu vielen Raubkatzen, im Rudel jagen, können sie gemeinsam sehr große Beutetiere erlegen und sich den Magen wirklich gut füllen.

Sowohl das Gebiss als auch der Verdauungstrakt des Hundes könnten nun den Schluss führen, dass dieser mit pflanzlicher Nahrung nichts anfangen kann und dass es sich sowohl bei Wolf als auch beim Hund um einen reinen Fleischfresser handelt. In der Tat ist der Hund aber ein so genannter Carni-Omnivore, also ein Fleisch- und Allesfresser, oder mit anderen Worten: ein Beutetierfresser. Auch Hunde brauchen gewisse pflanzliche Nahrungsanteile – nur müssen diese vorverdaut sein, um vom Körper des Hundeartigen verwertet zu werden. Wie sichert sich der vom Menschen und gekochter Nahrung unabhängige Wolf seine Nährstoffe?

info

Dünn- und Dickdarm sind zusammen etwa zehn Meter lang – das klingt viel, ist aber im Vergleich zu den 35 bis 60 Metern, die der Darmtrakt eines Rindes misst, eher kurz. Zur Verdeutlichung: Beim Hund ist der Darm ungefähr sechsmal so lang wie der Körper, bei Pflanzenfressern beträgt das Verhältnis dagegen 1:21. Zwar wird die innere Oberfläche des Darmes auch beim Hund durch viele Falten noch einmal deutlich vergrößert. Dennoch bedeutet der im Vergleich kurze Darm für die Verdauung des Fleischfressers, dass der Körper weniger Zeit hat, die Nährstoffe aufzuschließen. Das betrifft vor allem die Kohlenhydrate. Beim Wiederkäuer kommt noch die besonders gute Vorverdauung in den Mägen hinzu. Der Verdauungsprozess eines Fleischfressers läuft demnach fundamental anders ab als bei einem pflanzenfressenden Tier.

Was frisst der Wolf?

Schauen wir uns die Jagd eines Wolfsrudels und ihr Ergebnis einmal genau an. Da liegt nun also, sagen wir, ein Reh vor den Wölfen. Die ranghöchsten Tiere dürfen zuerst fressen. Mit Beschwichtigungsgesten den Leittieren gegenüber kommen danach, ihrer Rangordnung entsprechend, auch die anderen Wölfe an die Reihe. Sie fressen schnell, um sich ihren Anteil zu sichern, und der Magen nimmt , wie oben erwähnt, erstaunliche Ausmaße an. Schließlich kann schon die nächste Jagd wieder erfolglos sein, da muss jeder mitnehmen, was er kriegen kann. Nicht immer sind die Beutetiere solch große wie ein Reh, ein Hirsch, ein Mufflon oder ein junges Wildschwein. Auch mit Vögeln, Kaninchen oder Reptilien, sogar Würmern oder Insekten müssen die Wölfe oft genug vorlieb nehmen.

Was genau fressen die Wölfe nun? Keineswegs nur das Muskelfleisch – damit wäre die Beute weder gut ausgenutzt noch würde der Körper des Fleischfressers all das bekommen, was er benötigt. Oft wird von der Werbung oder von bestimmten Interessengruppen suggeriert, dass der Hund ein Fleischfresser sei und seine natürliche Nahrung ausschließlich aus Fleisch bestehe. Das ist so nicht richtig! Auch die Innereien, das Blut, die Knochen und der Magen-Darm-Trakt des erjagten Tieres stellen die Nahrung des Wolfes dar. Das liefert uns unter anderem die Antwort auf die Frage, wie das Raubtier an pflanzliche Nahrung kommt: Dazu dient der Magen- und Darminhalt des Beutetiers, in dem das Kohlenhydratgerüst der Pflanzennahrung bereits „angelöst“ ist.

Aber auch auf Früchte und Beeren, Wurzeln und Kräuter greift der Wolf zurück, wenn ihm das Jagdglück einmal nicht so hold ist.

Die folgende Tabelle gibt einen Überblick über die vielseitige Speisekarte des Wolfes und eine Erklärung, was an jedem der Nahrungsbestandteile wichtig und notwendig für den Fleischfresser ist.

TEILE DES BEUTETIERES	WICHTIGE INHALTSSTOFFE
Muskelfleisch	Eiweiß
Skelett, Knochen	Mengen- und Spurenelemente (Kalzium, Phosphor, Magnesium, Kupfer, Zink)
Blut	Mengen- und Spurenelemente (Eisen, Natrium)
Innereien (wichtig v.a. Leber)	Fett und fettlösliche Vitamine (Vit. A und D) Spurenelemente (Kupfer)
Magen-Darm-Trakt	Pflanzliche Fasern, Ballaststoffe Vitamin B

Komplettpaket Beutetier

Tierische Körper, so auch das Beutetier, bestehen darüber hinaus zu einem Anteil von etwa 70% aus Wasser. Zusammengefasst lässt sich feststellen, dass das Verdauungssystem und der Stoffwechsel von Wolf und Hund auf eine Nahrung mit viel Feuchtigkeit, Eiweiß und Fett sowie einem geringen Anteil an Kohlenhydraten ausgelegt sind.

Das „weiß“ auch noch unser Haushund: Untersuchungen haben ergeben, dass Hunde, sei es instinktiv oder erfahrungsbedingt, eine Nahrung mit viel Eiweiß, einem moderaten Fettgehalt und wenig Kohlenhydraten bevorzugen. Sogar Futtermittel mit für sie wertvolleren Bausteinen der Eiweiße lernen sie anderen vorzuziehen.

3 NAHRUNGSBESTANDTEILE UND IHRE BEDEUTUNG

3.1. Proteine

Proteine sind Eiweiße und der so genannte „Baustoff" der Nahrung. Das heißt: Sie sind wichtig für die Erhaltung, das Wachstum und die Neubildung aller Organe und sonstigen Gewebe, wie Muskeln oder Knochen, Haut und Haare. Das bedeutet, dass vor allem im Wachstum und in Regenerationsphasen Eiweiß benötigt wird, aber auch für die alltägliche Aufrechterhaltung der Körperfunktionen. Dieser Bedarf lässt sich schwer in absoluten Zahlen angeben. Was der Hund nämlich in Wirklichkeit braucht, sind nicht die Proteine als ganzes, sondern die Aminosäuren, aus denen die Eiweiße bestehen.

Eiweiße sind chemisch gesehen Ketten aus einigen tausend dieser Aminosäuren. Insgesamt besteht unsere Nahrung – und auch die der Hunde – aus insgesamt rund 20 verschiedenen Aminosäuren, deren Sequenz *(Abfolge)* im Protein genetisch festgelegt ist. Im Darm des Hundes werden die Proteinketten durch Verdauungsenzyme zerlegt: In kürzere Ketten, die man als Peptide bezeichnet, und in die einzelnen Aminosäuren.

Teilweise können Peptide durch die Darmwand aufgenommen werden, am besten jedoch werden die Aminosäuren resorbiert. Sie gelangen als erstes in die Leber, werden dort abgebaut, für die Produktion von Leberproteinen genutzt oder umgewandelt und dem Organismus zum Aufbau anderer Eiweiße zur Verfügung gestellt. Weil zeitgleich immer Substanz im Körper abgebaut wird, zum Beispiel durch die ständige Erneuerung der Haut und Schleimhäute, fällt stets auch unabhängig von der Eiweißzufuhr eine gewisse Menge an Eiweißabbauprodukten an. Zentrales Element bei der Entsorgung ist der Stickstoffanteil der Aminosäuren, aus

Aminosäure, Protein, Peptid

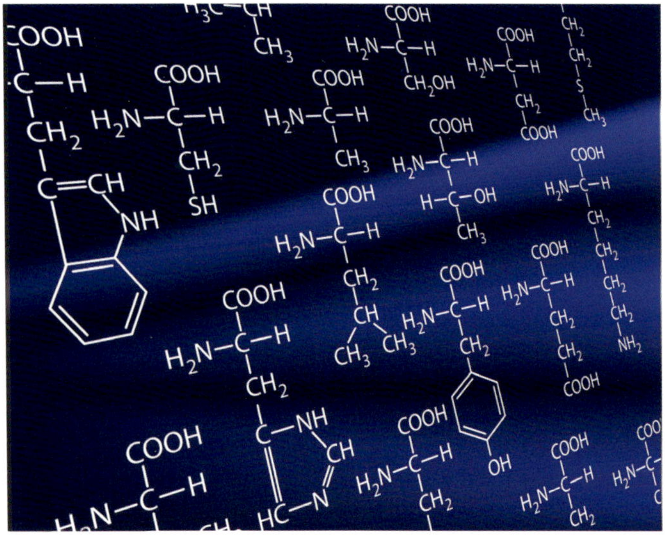

dem beim Proteinabbau Ammoniak entsteht. Weil Ammoniak ab einer bestimmten Konzentration giftig auf die Körperzellen wirkt, muss es zu Harnstoff umgebaut werden. Dieser Stoff kann als Hauptsubstanz der Eiweißabbauprodukte bezeichnet werden und wird über die Niere ausgeschieden. Nach der Fütterung einer großen Menge an Eiweiß steigt der Harnstoffspiegel im Blut merklich an, weil die Niere dann mit der Ausscheidung nicht mehr nachkommt. Wir sehen daran, dass nicht nur verbrauchte Eiweiße aus dem Körper zur Harnstoffkonzentration im Blut beitragen, sondern zu einem erheblichen Teil auch die nicht benötigten Anteile der Aminosäuren aus der Nahrung.

Schwer verdauliche Eiweiße gelangen in den Dickdarm und werden zu einem Teil von den dort ansässigen Bakterien verwertet. Auch bei diesen Prozessen entsteht Ammoniak.

Von den in der Nahrung enthaltenen etwa 20 verschiedenen Aminosäuren muss der Hund die Hälfte zwingend über das Futter erhalten. Man bezeichnet diese als essentielle Aminosäuren. Die restlichen, so genannten nicht essentiellen können in der Leber des Hundes aus anderen Baustoffen zusammengesetzt werden. Die folgende Übersicht gibt einen Überblick über die für den Hund essentiellen Aminosäuren:

Die essentiellen Aminosäuren beim Hund

Arginin, Histidin, Lysin, Lecin, Isoleucin, Valin, Thyreonin, Tryptophan

TEILWEISE ERSETZBAR:
Methionin (durch Cystein), Phenylalanin (durch Tyrosin)

Zur Beurteilung eines Futters hinsichtlich seiner Eiweißqualität ergibt sich daraus als ein Kriterium, dass die Aminosäurenzusammensetzung den Bedarf des Hundes bei seiner körpereigenen Eiweißproduktion gut abdeckt. Je besser das Aminosäurenmuster denen entspricht, die der Körper zum Aufbau seiner eigenen Proteine benötigt, desto höher ist die so genannte biologische Wertigkeit des Futtereiweißes. Fehlen bestimmte Aminosäuren in der Nahrung, so wirkt sich das limitierend auf die Eiweißsynthese aus.

Zur Veranschaulichung: Fleischeiweiß stimmt in seiner Aminosäurenzusammensetzung in vielem mit der im Gewebe von Hunden *(wobei natürlich jedes Gewebe seinen ganz eigenen Bedarf hat)* überein – kann also gut und direkt verwertet werden. Bei pflanzlichem Eiweiß ist dies in der Regel bei weitem nicht so gegeben. So enthält beispielsweise Mais zu wenig Lysin, aber auch Arginin und Theonin für den Bedarf des Hundes. Man sagt, diese Aminosäuren wirken limitierend. Eine Ausnahme bei den Pflanzeneiweißen stellt Soja dar, das relativ gut den Anforderungen des Hundes entspricht.

Als zweites Kriterium nimmt man die Verdaulichkeit des Proteins hinzu. Sie gibt an, welchen Anteil des Eiweißes der Hund verwerten kann und damit indirekt, wie viel ungenutzt wieder ausgeschieden wird. Ein hoch verdauliches Futter zeichnet sich demnach dadurch aus, dass relativ wenig Kot produziert wird. Gut verdaulich sind für den Hund Eiweiße, die bereits im Dünndarm gespalten und vom Körper aufgenommen werden. Die Dickdarmverdauung übernehmen größtenteils Bakterien und der Gewinn für den Hundekörper ist dann nicht mehr so groß. Es wird daher eine hohe Verdaulichkeit von über 80% angestrebt. Die Verdaulichkeit eines Lebensmittels hängt selbstverständlich von seiner Art, aber auch der Struktur und Zubereitung ab. Ein tierisches Eiweiß, bei dem Kochen ausgesprochen sinnvoll und notwendig ist, stellt das Eiklar *(= Eiweiß im Gegensatz zum Eigelb – diese Bezeichnung führt aber im Thema „Proteine" zu Begriffsverwirrungen)* dar. Es kann im rohen Zustand vom Hund nur zu etwa 60% verwertet werden, während die Verdaulichkeit nach dem Kochen auf 90% ansteigt.

Schlachtabfälle wie z.B. Pansen enthalten zwar einen hohen Bindegewebsanteil, ihre Verdaulichkeit liegt aber dennoch bei knapp über 90%. Allerdings ist der Anteil der Dickdarmverdauung hier größer als bei Fleisch. Sogar Knorpel und Sehnen können ebenso gut verdaut werden, während beim Knochen als Ganzem gefüttert die Eiweiße nur zu etwa 40% aufgeschlossen werden können.

Unter den pflanzlichen Eiweißen ist lediglich Getreidekleber gut *(≥ 90%)* vom Hund verwertbar. Die Verdaulichkeit von Leguminosenproteinen *(Erbsen, Soja)* liegt bei etwas über 80%, Eiweiß aus

info

Bei Muskelfleisch, Innereien und Milch liegt die Verdaulichkeit des Eiweißes bei über 95%. Wird das Fleisch allerdings stark zerkleinert, dann sinkt die Verdaulichkeit des Eiweißes. Man vermutet, dass dies auf ein kürzeres Verweilen im Magen zurückzuführen ist. Wie sich das Kochen auf die Verdaulichkeit auswirkt, variiert je nach Studie. Allerdings dürften sich die Schwankungen in einem für den Nährwert nicht relevanten Bereich befinden. Bei Trocknungsprozessen und Überhitzen geht die Verdaulichkeit definitiv zurück.

Gemüse kann in der Regel nur zu etwa 60% aufgeschlossen werden; egal, ob in rohem oder gekochtem Zustand.

Protein dient dem Körper im großen und ganzen nicht oder nur in untergeordnetem Maße zur Energiegewinnung. Daher führt eine überhöhte Eiweißzufuhr nicht zur Reservebildung, sondern es wird die Ausscheidung gesteigert. Problematisch ist dies bei Vorschädigungen von Leber oder Niere, weil diese Organe mit einer erhöhten Menge an Abfallprodukten klarkommen müssen.

Sogar bei nierenkranken Hunden achtet man inzwischen jedoch eher auf die Hochwertigkeit des mit der Nahrung zugeführten Proteins als auf die absolute Menge, weil aus minderwertigen Eiweißen mehr schwer auszuscheidende Abfallprodukte entstehen. Hartnäckig hält sich, vielleicht aufgrund der Betonung der Wichtigkeit des Futterproteins bei Nierenerkrankungen, das Gerücht, ein hoher Einweißgehalt der Nahrung sei insgesamt ein Risikofaktor für Nieren- und Leberschädigungen. Es gibt dafür jedoch sämtlichen wissenschaftlichen Untersuchungen zufolge weder für die menschliche noch die „hündische" Ernährung bei gesunden Individuen einen Beleg. Zwar wird die Nierendurchblutung nach proteinreichen Mahlzeiten gesteigert. Das ist jedoch eine ganz normale Reaktion des Körpers, um die Ausscheidung zu verbessern. Nierenschäden konnten in keiner

„Hartnäckig hält sich ... das Gerücht, ein hoher Einweiß-gehalt der Nahrung sei insgesamt ein Risikofaktor für Nieren- und Leberschädigungen."

Studie festgestellt werden *(Quelle: 8)*. Eine Untersuchung arbeitete sogar mit Hunden, denen drei Viertel des normalen Nierengewebes fehlen. Selbst bei ihnen war kein neagtiver Effekt zu beobachten, auch dann nicht, wenn der Eiweißanteil bei 57% der Ration lag *(Quelle: 9)*.

Einigen Autoren zufolge lässt sich oberhalb der Bedarfsgrenze ebenso wenig ein positiver Effekt durch die vermehrte Fütterung von Eiweiß erzielen. Untersuchungen haben sogar ergeben, dass eine Fütterung mit viel Eiweiß bei gleicher Kalorienzahl wie konventionelles Futter zur (in diesem Fall gewünschten) Gewichtsabnahme bei zu dicken Hunden führte *(Quelle: 10)*. Das könnte eine Erklärung dafür sein, dass die Gesamtfuttermengen beim BARFen vergleichsweise höher sind als bei Fertigfutter.

Zu vermeiden sind größere Mengen qualitativ niedriger Proteine, weil sie zu einer forcierten Dickdarmverdauung mit eventueller starker Vermehrung unerwünschter Bakterien führen. Weicher Kot bis hin zu Durchfällen können die Folge sein.

Eine Unterversorgung mit Eiweiß ist bei heutiger Fütterung selten, hat aber ausgesprochen negative Folgen. Verminderte Fresslust, stumpfes, brüchiges Fell, Infektanfälligkeit und Muskelabbau können sich einstellen.

Die nachfolgende Tabelle gibt den täglichen Eiweißbedarf von ausgewachsenen Hunden an. Für Senioren sollte eine Reduzierung um etwa 20% stattfinden. Leider ist der Begriff „Rohprotein" ein recht theoretischer: Bestimmt man den Stickstoffgehalt eines Futtermittels und multipliziert ihn mit 6,25 *(Stickstoff macht 16% des Eiweißes aus)*, dann erhält man das Rohprotein. Angaben für den Gehalt finden sich auf Fertignahrungen. Bei selbst zubereiteter Nahrung kann näherungsweise der Proteingehalt herangezogen werden, wobei dessen Verdaulichkeit beachtet werden muss.

KÖRPERMASSE [kg]	FÜTTERUNGSEMPFEHLUNG FÜR VERDAULICHES ROHPROTEIN [g]	
	PRO KILOGRAMM KÖRPERMASSE	PRO TIER
5	3,3	17
10	2,8	28
15	2,5	38
20	2,4	47
25	2,2	56
30	2,1	64
35	2,1	72
60	1,8	108

Täglicher Bedarf an Rohprotein beim gesunden Hund; bei Organerkrankungen können andere Werte gelten. Bei langhaarigen Tieren im Fellwechsel sollten 20% mehr gegeben werden. (Quelle: Meyer/Zentek, „Ernährung des Hundes")

3.2. Fette

Fette werden aus der Nahrung zum überwiegenden Teil in Form von Triglyceriden aufgenommen. Dabei handelt es sich um eine chemische Verbindung aus Glycerin und drei daran gebundenen Fettsäuren. Im Magen des Hundes, vor allem aber im Dünndarm werden die Fettsäuren abgetrennt und dann emulgiert, d.h. so in Tröpfchen angeordnet, dass die wasserlöslichen Enden nach außen gerichtet werden. Auf diese Art werden die Spaltprodukte wasserlöslich und können in die Blutbahn transportiert werden.

Fette sind hochverdaulich und stellen ausgezeichnete Energielieferanten dar. Man kann davon ausgehen, dass die Energieausbeute von einem Gramm Fett etwa 2,5-mal so hoch ist wie die der selben Menge Proteine oder Kohlenhydrate. Außerdem sind sie Träger der inzwischen allseits bekannten essentiellen Fettsäuren, bei denen die Bezeichnung bereits ausdrückt, dass sie für die Körperfunktion unerlässlich sind und der Körper sie nicht selbst herstellen kann. Chemisch gesehen handelt es sich bei ihnen um ungesättigte Fettsäuren. Das sind solche, bei denen zwischen den Kohlenstoffatomen, die Bestandteil der Fettsäuren sind, Doppelbindungen eingebaut sind – entweder eine, dann handelt es sich um einfach ungesättigte, oder mehrere, dann spricht man von mehrfach ungesättigten Fettsäuren. Befindet sich die Doppelbindung an der drittletzten Kohlenstoffverbindung, dann wird das Molekül Omega-3-Fettsäure genannt; bei einer Doppelbindung an sechstletzter Stelle spricht man von einer Omega-6-Fettsäure. Die für den Hund wichtigsten essentiellen Fettsäuren sind die Linol- und die Linolensäure sowie zu einem gewissen Anteil die Arachidonsäure. Letztere kann der Hund auch teilweise selbst aus Linolsäure herstellen, bei Enzymmangel oder im Alter jedoch wird der aus der Nahrung benötigte Anteil größer.

Essentielle Fettsäuren haben eine wichtige Funktion für den Bau aller Zellwände, für die Herstellung von Botenstoffen im Körper, für das Immunsystem und das Zentrale Nervensystem. Durch die Doppelbindungen sind gerade mehrfach ungesättigte Fettsäuren sehr instabil und werden, wenn keine Antioxidantien vorhanden sind, chemisch verändert. Dadurch verlieren sie ihren Wert für die Ernährung.

Ein Mangel an essentiellen Fettsäuren zeigt sich vor allem in Haut- und Haarveränderungen sowie einer schlechten Wundheilung.

Trockenes, glanzloses Fell, schuppige, verdickte Haut und häufige Hautentzündungen, auch im Gehörgang, können ein Zeichen für eine Unterversorgung sein. Auch auf die Fortpflanzungsfähigkeit wirkt sich ein Mangel negativ aus, was aber nicht auf Zucht bedachten Hundehaltern naturgemäß nicht auffällt.

Erfahrungen mit einer *(ergänzenden)* verstärkten Verabreichung von Omega-3-Fettsäuren gemacht. Fette sind außerdem lebenswichtig als Träger der fettlöslichen Vitamine A, D, E und K. Diese Vitamine können nur in Verbindung mit Fett aus dem Darm aufgenommen werden.

Lebensmittel	Ungesättigte Fettsäuren insgesamt [%]	Anteil an Linolsäure [%]	Anteil an □-Linolensäure[%]	Anteil an Arachidonsäure [%]
LeinöL	92	14	48-58	-
Distelöl	90	50-80	< 1	-
Maisöl	88	34-62	< 1	-
Sonnenblumenöl	85	20-75	< 1	-
Walnussöl	81	52	15	-
Rapsöl	88	13	5-16	-
Sojaöl	84	49-57	4-11	-
Olivenöl	80	8	Ca. 1,5	-
Schweinefett	64	9	0,1	0,3 -1
Rindertalg	52	2-3	0,02	< 0,2
Lachsöl	60	< 1	1	20-25

Richtwerte für den Gehalt an essentiellen Fettsäuren

Omega-3-Fettsäuren wie die Linolensäure und die in Fisch enthaltenen EPA *(Eicospentaensäure)* und DHA *(Docosahexaensäure)* wirken entzündungshemmend und werden deshalb gerne bei chronischen Hautentzündungen eingesetzt. Tatsächlich weist die Haut selber nach solchen Zugaben ein verändertes Fettsäurenprofil auf. Dafür muss die unterstützende Gabe aber über mindestens 6, besser 12 Wochen erfolgen. Auch im Falle von ernsten Entzündungen im Körper und gar autoimmunen Prozessen wurden inzwischen gute

3.3. Kohlenhydrate

Als Kohlenhydrate bezeichnet man Ketten aus Einfachzuckern. Kurze Moleküle aus einem, zwei oder einigen wenigen Zuckern *(Monosaccharide wie Traubenzucker, Disaccharide wie Milchzucker und Oligosaccharide wie Raffinose)* sind Lieferanten schnell verfügbarer Energie. Es entsteht Glucose, die von allen Zellen aufgenommen werden kann. Zu einem gewissen Teil werden die überschüssigen Zucker als Glykogen gespeichert und können bei Energiebedarf schnell wieder mobilisiert werden. Werden dem Körper deutlich zu viele Kohlenhydrate zugeführt, dann wandelt er diese aber auch in Fett um und deponiert sie als solches.

Dagegen sind langkettige Kohlenhydrate vom Fleischfresser zum Großteil nur schwer aufspaltbar. Es handelt sich teils um Zellulose, die Stützsubstanz der Pflanzen, teils um Stärke, z.B. in Kartoffeln, Reis oder Getreide.

Immer wieder wird in Ernährungsdebatten die Frage heiß diskutiert, ob der Mensch oder eben auch der Hund Kohlenhydrate benötigt oder nicht. Manche Ernährungsphilosophien stellen diese Nährstoffgruppe gar als „Quelle allen Übels" dar. Nähert man sich der Fragestellung vom wissenschaftlichen Standpunkt her, so kommt man zu dem Schluss, dass Kohlenhydrate für die Energiegewinnung im Körper zumindest nicht essentiell sind. Der Energiebedarf kann aus den beim Abbau von Triglyceriden entstehenden Fettsäuren aus Fetten und Ölen gedeckt werden. Allerdings muss auch der Blutzucker- *(Glucose-)*Spiegel in einem engen Rahmen stabil gehalten werden. Dem dient, wenn Zucker nicht von außen zugeführt werden, ein als Gluconeogenese bezeichneter Vorgang in der Leber, der Niere und bis zu einem bestimmten Zwischenprodukt für den gewebeeigenen Bedarf auch im Muskel. Aus Fettsäuren kann keine Glucose gewonnen werden; lediglich das in Neutralfetten enthaltene Glycerin kann in die Gluconeogenese einfließen. Auf einem anderen Weg findet die Gluconeogenese anhand von so genannten glucoplastischen Aminosäuren statt. Das bedeutet, dass bestimmte Aminosäuren, dazu gehören beispielsweise Alanin, Aspartat und Glutamat, zu Glucose umgebaut werden können. Außerdem kann aus Laktat, eigentlich ein Abbauprodukt bei der Nutzung der Blutglucose, in der Leber unter Energieeinsatz auch wieder Glucose gewonnen werden. Die Folgerung daraus ist, dass unter normalen Umständen und bei ausreichender Versorgung mit Fett und hochwertigem Eiweiß Hunde kohlenhydratfrei ernährt werden können.

Untersuchungen haben allerdings gezeigt, dass trächtige Hündinnen bei kohlenhydratfreier Ernährung vermehrt Gewichtsverlust und Appetitlosigkeit zeigten, dass die Gefahr einer Unterzuckerung bzw. Übersäuerung des Blutes bestand und dass bei den Welpen ein niedriges Geburtsgewicht und eine erhöhte Sterblichkeit festgestellt werden konnten. Diese negativen Effekte ließen sich beheben, wenn 20% des Energiebedarfs der Hündinnen durch Kohlenhydrate gedeckt wurde. Auch für die Zeit der Milchbildung ist die Mutterhündin auf schnell verfügbare Energie aus Kohlenhydraten angewiesen.

Bei Sporthunden, die schnell

info

Während Kartoffeln und Reis gekocht werden müssen, damit der Hund die darin erhaltene Stärke verwerten kann, wird bei Weizen, Mais oder Hafer auch roh eine Verdaulichkeit von über 90% erreicht. Dazu sollten sie aber vorzugsweise in Form von Flocken vorliegen, weil die Außenhülle der Getreidekörner eine Barriere gegen die Verdauungsenzyme des Hundes darstellt.

hohe Leistungen erbringen müssen, wie Windhunde beim Sprint, lässt sich die Leistungsfähigkeit durch kohlenhydratreiches Futter steigern, weil dann schnell mobilisierbare Energie zu Verfügung steht. Dagegen profitieren Ausdauersportler wie Schlittenhunde eher von einer kohlenhydratarmen Fütterung.

Wird komplett kohlenhydratfrei gefüttert, zeigt sich des öfteren eine Neigung zu Durchfällen. Es empfiehlt sich dann, den Energiebedarf des normalen Familienhundes zu einem kleinen Teil *(15 bis 20%)* mit Kohlenhydraten zu decken. Das entspricht dem Ernährungsmuster des Wolfes, der ebenfalls über Beeren und Mageninhalt der Beute pflanzliche Anteile zu sich nimmt.

3.4. Ballaststoffe

Das führt uns übergangslos zu der Information, dass ein bestimmter Anteil an schwer oder gar nicht verdaulichen Substanzen auch in der Hundenahrung unerlässlich ist. Dabei handelt es sich zu einem großen Teil um die bereits erwähnten langkettigen Kohlenhydrate, z.B. Zellulose oder Lignin. Bei ihnen sind die Bindungen zwischen den Zuckern so fest, dass sie von den Enzymen im Hundedarm nicht aufgeschlossen werden können. Sie haben aber die wichtige Funktion, durch ihre Volumen gebende Eigenschaft die Eigenbewegung des Darms (Peristaltik) anzuregen und damit den Transport des Nahrungsbreis durch den Körper möglich zu machen. Auch die nicht ganz so langen, mittelkettigen und damit noch zersetzbaren Fasern wie solche aus Gemüse oder Obst gehören dazu. Sie können zwar nicht vom Hundekörper, aber von den im Dickdarm befindlichen Bakterien zu kurzkettigen Fettsäuren abgebaut werden und sorgen dadurch für eine Ansäuerung *(pH-Wert-Senkung)* des Darmmilieus. Das schafft optimale Bedingungen für die erwünschten Arten der Darmflora *(Bifidus, Lactobacillus)* und macht ungünstigen Bakterienarten eine Ansiedlung im Darm schwer. Gleichzeitig sorgen die „guten" Bakterien für den Umbau eines Teils des im Körper anfallenden Stickstoffs und entlasten auf diese Art Leber und Niere. Man kann daher Ballaststoffe auch gezielt diätetisch bei Leber- und Nierenerkrankungen einsetzen, ebenso bei Übergewicht, Diabetes, Verstopfung, aber auch Durchfall.

Lebensmittel	Gehalt an Ballaststoffen
Weizenkleie	Ca. 49%
Heidelbeeren	4,9%
Äpfel	2,3%
Mandeln	9,8%
Trockenpflaumen	9%
dagegen: Pflaumen	1,7%

In der Rohfütterung gut einsetzbare Nahrungsmittel mit in ihrer Kategorie hohen Ballaststoffgehalten.

Der Anteil der Ballaststoffe an der gesamten Futterration sollte

1,5% nicht unterschreiten und im Idealfall, je nach individueller Reaktion des Hundes im Hinblick auf Kotmenge und -beschaffenheit, zwischen 2 und 3 bzw. 5% *(die Angaben schwanken je nach Literatur)* betragen. Wird die Menge an Ballaststoffen zu groß, dann beeinträchtigt sie die Verdaulichkeit des gesamten Futters. Das liegt wahrscheinlich daran, dass die Nahrung zu schnell durch den Darm transportiert wird. Außerdem wird insgesamt eine große Menge Kot produziert, was den meisten Besitzern unangenehm auffällt.

3.5. Mineralstoffe

Als Mineralstoffe bezeichnet man anorganische Nährstoffe, die für den Körper lebenswichtig sind und die er nicht selbst herstellen kann, sondern mit der Nahrung erhalten muss. Obwohl sie dem Besitzer meist nicht als eine der ersten und wichtigsten Nahrungskomponenten in den Sinn kommen, ist gerade im Bereich der Mineralstoffe schon viel in der Hundefütterung falsch gemacht worden. Man unterteilt die Mineralstoffe nach der Höhe der Konzentration im Körper in Mengenelemente *(> 50 mg/kg Körpergewicht)* und Spurenelemente *(< 50 mg/kg Körpergewicht)*. Weil die Mengenelemente meist ionisiert, d.h. als positiv oder negativ geladene Teilchen im Körper vorkommen, bezeichnet man sie auch als Elektrolyte.

info

Besonders im Wachstum hat ein Ungleichgewicht vor allem der Elemente Kalzium und Phosphor fatale Folgen. Und auch beim BARFen muss man speziell auf die richtige Zuteilung eines Mineralfutters achten.

Für den Organismus relevante Mengenelemente	Für den Organismus relevante Spurenelemente
Kalzium (Ca) Phosphor (P) Natrium (Na) Chlor (Cl) Kalium (K) Magnesium (Mg) Schwefel (S)	Zink (Zn) Jod (I) Kobalt (Co) Kupfer (Cu) Eisen (Fe) Selen (Se) Chrom (Cr) Fluor (F) Mangan (Mn) Molybdän (Mo) Silicium (Si)

3.5.1. Kalzium und Phosphor

Wie oben bereits erwähnt, kommt der Fütterung von Kalzium und Phosphor sowie deren Verhältnis zueinander eine besondere Bedeutung zu. Beide Elektrolyte werden beim Hund hauptsächlich in den Knochen gespeichert – 98% des Kalziums und 80% des körpereigenen Phosphors liegen im Skelett. Daneben ist Kalzium immens wichtig für die Muskelarbeit, die Blutgerinnung und verschiedene Stoffwechselvorgänge. Phosphor dient als unerlässlicher Baustein für die DNA *(Erbgut)*, die Energiegewinnung der Zellen und vieler Proteine.

Die Hormone der Schilddrüse und Nebenschilddrüse halten den Blut-Kalzium-Spiegel innerhalb enger Grenzen konstant. Dafür wird im Zweifelsfall Kalzium aus den Knochen mobilisiert bzw. dessen Freisetzung aus dem Skelett gehemmt. Der Phosphorspiegel darf deutlicher schwanken. Zur Regulierung wird hier mehr bzw. weniger Phosphat über die Nieren ausgeschieden.

Der Bedarf an diesen beiden Mineralstoffen ist bei erwachsenen Hunden konstant und erhöht sich nicht durch Bewegung bzw. Arbeitsleistung. Trächtige Hündinnen in den letzten vier Wochen vor der Geburt dagegen benötigen doppelt so viel Kalzium und Phosphor wie „normale" Hunde, säugende je nach Anzahl der Welpen sogar zwei- bis fünfmal so viel. Aufgrund des Knochenwachstums haben Welpen vor allem im dem ersten drei, größere Rassen in den ersten sechs Monaten einen besonders hohen Bedarf.

Wichtig ist neben dem absoluten Bedarf das Verhältnis beider Stoffe in der Futterration zueinander, weil die Regulierung der Aufnahme aus dem Darm für Kalzium und Phosphor gekoppelt ist, der Körper ein Ungleichgewicht also nur schwer und immer zulasten des Skelettes ausgleichen kann. Gerade im Wachstum ist ein Verhältnis Kalzium : Phosphor zwischen 1,3:1 und 2:1 möglichst genau einzuhalten, bei großen Rassen noch exakter als bei kleinen.

3.5.2. Natrium und Chlorid

Diese beiden Elemente sind besonders für den so genannten osmotischen Druck verantwortlich. Das bedeutet, dass sie außerhalb der Zellen, vor allem im Blut, vorkommen und den richtigen Wassergehalt in diesem Bereich regulieren. Daneben steuern sie den Säuren-Basen-Haushalt und sorgen dafür, dass Nervenimpulse zu Muskelarbeit führen.

Körperliche Anstrengungen erhöhen den Bedarf nicht, da Hunde wenig schwitzen und daher keinen nennenswerten Elektrolytverlust erleiden. Besonderes Augenmerk ist auf Patienten mit einer chronischen Nierenschwäche zu richten. Sie benötigen zusätzliche Natriumgaben, weil bei ihnen zu viel von diesem Element mit dem Harn ausgeschieden wird. Chronisches Erbrechen führt vor allem zu Chlorid-, länger anhaltende Durchfälle zu Natriumverlusten.

3.5.3. Kalium

Wie es Natrium und Chlorid außerhalb der Zellen tun, so bestimmt Kalium den osmotischen Druck und somit den Wassergehalt im Zellinneren. Darüber hinaus ist es unentbehrlich für die Aktivität vieler Enzyme. Der Körper kann nur geringe Mengen diese Elements speichern. Allerdings ist der tägliche Bedarfswert auch erstaunlich gering und kann mit den üblichen Futtermitteln problemlos erreicht werden.

3.5.4. Magnesium

Als Bestandteil vieler Enzyme ist Magnesium wichtig für den Stoffwechsel der Eiweiße, Kohlenhydrate und Fette. In den meisten Futtermitteln, und sicherlich bei allen, die beim BARFen eingesetzt werden, ist

Magnesium in ausreichender Menge vorhanden. Vorsicht ist geboten bei der Versorgung mit großen Kalziummengen *(z.B. bei exzessiver Knochenfütterung)*, weil dann die Aufnahme von Magnesium aus dem Darm gehemmt wird.

3.5.5. Schwefel

Schwefel ist essentielles Element in verschiedenen Aminosäuren und wird dem Körper auch über solche zugeführt. Mittels Fleisch ist der Hund in dieser Hinsicht in aller Regel ausreichend versorgt.

3.5.6. Zink

Zink spielt in diversen Stoffwechselvorgängen eine Rolle, weil es Bestandteil vieler Enzyme und für die Stabilität von Proteinstrukturen und Biomembranen verantwortlich ist. Zinkmangelerscheinungen sind daher von sehr vielfältigen Symptomen begleitet. Zu beachten sind ein erhöhter Bedarf während des Haarwechsels bei langhaarigen Hunden und dass die Aufnahme von Zink aus dem Darm bei einer Kalzium- oder Kupfer-Überversorgung eingeschränkt ist. Auch Phytinsäure, die dem Körper bei Fütterung von Weizenkleie und Sojaschrot in relativ hoher Dosierung zugeführt wird, kann die Resorption *(Aufnahme)* von Zink beeinträchtigen. Wenn die Blutwerte im Normalbereich, aber recht tief liegen bzw. die Bedarfswerte über das Futter nur gerade so erreicht werden, kann eine zusätzliche Versorgung mit Zink bei älteren Hunden z.B. die Wundheilung verbessern und sollte nach Operationen daher ruhig prophylaktisch etwas höher sein.

info

Die Zinkversorgung ist bei nach Gefühl zusammengestellten BARF-Rationen in vielen Fällen unzureichend.

3.5.7. Jod

Vor allem für die Schilddrüsenfunktion ist Jod dringend erforderlich. Weil die Schilddrüsenhormone sozusagen die sind, die den Stoffwechsel in Schwung bringen müssen, ist auch der Bedarf an Jod abhängig von der Aktivität bzw. dem Energieumsatz des Tieres. Bei eine Unterversorgung ist dementsprechend mit Lethargie und allgemeinem Leistungsabfall zu rechnen.

3.5.8. Kupfer

Als Enzymbestandteil ist Kupfer essentiell. Der Blutspiegel kann schwanken und erhöht sich z.B. bei chronischen Entzündungen. Auch der Gehalt in der Leber schwankt und ist von der Zufuhr mit dem Futter abhängig. Ob die Kupferversorgung ausreichend ist, lässt sich daher anhand von Blutproben nicht eindeutig feststellen, lediglich bei niedrigen Werten kann ein Verdacht geäußert werden. Einen geschätzten Wert für den Bedarf gibt es *(siehe Tabelle)*, allerdings sollte die Versorgung bei gestörter Verdauung bzw. bei langhaarigen Hunden im Fellwechsel erhöht werden. Eine Überversorgung ist außer bei Hunden mit einer Kupferspeicherkrankheit *(Bedlington-Terrier können unter dieser angeborenen Krankheit leiden, bei West Highland White Terriern, Deutschen Schäferhunden, Dobermännern, Cockerspaniels und einigen individuellen Exemplaren anderer Rassen ist sie vereinzelt nach Leberschädigungen aufgetreten)* unproblematisch.

Nicht alle Kupferverbindungen können vom Körper verwertet werden – zum Beispiel das aus rohem Rindfleisch nicht.

info

Fleisch und Schlachtabfälle enthalten wenig Jod, so dass der Versorgung mit diesem Spurenelement bei selbst zubereiteter Nahrung besondere Beachtung zu schenken ist.

3.5.9. Eisen

Für den Sauerstofftransport im Blut ist Eisen das zentrale Atom. Das erklärt, dass ein Eisenmangel zu einer Blutarmut führen kann, das heißt, dass zu wenige rote Blutkörperchen gebildet werden können. Allerdings sind fütterungsbedingte Eisenmangelsituationen beim Hund sehr selten, eher treten sie bei chronischen Blutverlusten auf. Pflanzliches Eisen kann vom Hund ähnlich gut verwertet werden wie das aus tierischer Nahrung. Lediglich eine übertriebene Gabe an Milchprodukten hemmt die Aufnahme von Eisen im Darm.

3.5.10. Selen

Zusammen mit Vitamin E, dessen Gehalt im Futter den Bedarf an Selen mitbestimmt *(eine gewisse Menge Selen kann durch Vitamin E ersetzt werden)*, wirkt Selen als Abfänger so genannter freier Radikale, die die Zellen durch aggressive chemische Reaktionen schädigen können. Der Gehalt an Selen in der tierischen Nahrung schwankt, je nachdem, wie das Schlachttier ernährt wurde. Selenmangelerscheinungen des Hundes sind jedoch nur bei Welpen bekannt, deren Mütter in der Trächtigkeit unterversorgt wurde. Über eine zusätzliche Gabe während der Trächtigkeit kann man daher nachdenken. Wer jedoch Innereien *(Leber, Niere)* füttert, dürfte auf der sicheren Seite sein, weil diese deutlich selenreicher sind als reines Muskelfleisch. Zudem ist eine Überdosierung dringend zu vermeiden.

3.5.8. Kobalt, Fluor, Molybdän, Chrom, Mangan

Kobalt ist das zentrale Atom des Vitamin B12 und bei ausreichender Versorgung mit diesem nicht essentiell. Mangelzustände sind nicht bekannt.

Fluor und Molybdän sind zwar essentiell, aber, wie der Name „Spurenelement" sagt, nur in sehr, sehr geringen Mengen. Der genaue Bedarf ist bei diesen beiden Elementen nicht bekannt.

Mangan ist für die Funktion verschiedener Enzyme unentbehrlich, jedoch liegt der Gesamtbedarf sehr niedrig. Chrom scheint eine Rolle im Kohlenhydrat- und Fettstoffwechsel zu spielen. Genaueres weiß man dazu noch nicht.

Element	Erhaltungsbedarf (mg/kg Körpergewicht)	Bedarf der Hündin im späteren Verlauf der Trächtigkeit (mg/kg KGW)	Bedarf der säugenden Hündin, je nach Anzahl der Welpen (mg/kg KGW)
Kalzium	80	165	250-495
Phosphor	60	120	175-335
Magnesium	12	15	18-30
Natrium	50	60	75-115
Kalium	55	65	75-115
Chlorid	75	90	110-210
Eisen	1,4	6,8	2,4
Kupfer	0,1	0,16	0,67
Zink	1,0	2,4	5,4
Jod	15 µg (erhöht sich bei körperlicher Aktivität)	50 µg	50 µg
Selen	5 µg	5 µg	5 µg

Bedarfswerte für Mineralstoffe beim gesunden Hund, modifiziert nach Quelle 3.

Nach heutigem wissenschaftlichen Stand sind eine Chrom- sowie eine Manganunterversorgung extrem unwahrscheinlich.

3.6. Vitamine

Bei Vitaminen handelt es sich im Gegensatz zu Mineralstoffen um organische Verbindungen, von denen einige essentiell sind, dem Hund also mit der Nahrung zugeführt werden müssen. Grundsätzlich unterteilt man die Vitamine in fettlösliche und solche, die wasserlöslich sind. Die Aufnahme der fettlöslichen Vitamine ist, wir erwähnten es bereits bei den Fetten, eng an den Fettstoffwechsel gekoppelt. Probleme bei der Fettverdauung ziehen daher auch eine Resorptions-*(Aufnahme-)*Störung der entsprechenden Vitamine nach sich. Eine zu große Menge zugeführter fettlöslicher Vitamine wird in Leber, Nieren und Körperfett gespeichert und sie können auf diese Weise zwar als Reservoir dienen, auf der anderen Seite aber ab einer gewissen Dosis zu Vergiftungserscheinungen führen.

Die wasserlöslichen Vitamine dagegen werden nur in sehr begrenztem Umfang gespeichert und müssen daher dem Körper kontinuierlich zugeführt werden. Übermäßige Mengen werden sofort über die Niere ausgeschieden, was eine Überdosierung unmöglich macht.

info

FETTLÖSLICHE VITAMINE:
Vitamine A, D, E und K

WASSERLÖSLICHE VITAMINE:
sämtliche B-Vitamine

3.6.1. Vitamin A (Retinol)

Dieses Vitamin ist der Allgemeinheit als für gutes Sehen verantwortlich bekannt. Vor allem ist es aber für den Schutz von Oberflächen zuständig, indem es wesentlicher Bestandteil für Stoffe ist, die Haut und Schleimhäute feucht und intakt halten. Deshalb spielt es auch eine große Rolle bei der Abwehr von Krankheitserregern, die ja in vielen Fällen ihre Eintrittspforte über die Schleimhäute von Mund, Darm, Atemwege oder Harn- und Geschlechtsapparat oder aber über die Haut finden. Besonders junge Hunde reagieren mit Infektionsanfälligkeit, Bindehautentzündungen und Wachstumsstörungen auf einen Vitamin-A-Mangel. Bei erwachsenen Tieren können die Vorratsspeicher im Körper eine Unterversorgung über längere Zeit kompensieren.

Ein besonders wichtiger Lieferant für Vitamin A in der Hundeernährung ist Leber. Besonders die von Rind und Geflügel ist ausgesprochen reich an Vitamin A. 1 bis 1,5 Gramm Kalbsleber pro Kilogramm Körpergewicht pro Tag ergänzen den Vitamin-A-Bedarf ideal, wobei in der Praxis nicht wirklich täglich Leber gefüttert werden muss, sondern die Menge auf jeden zweiten oder dritten Tag verteilt werden kann. Auch Vollmilch und Eier tragen gut zur Versorgung bei. Sogar das in grünen Pflanzen und

Möhren vorkommende □-Carotin kann vom Hund in Vitamin A umgewandelt werden. Dennoch kann beim BARFen eine zusätzliche Gabe von Vitamin A nötig werden, wenn keine Leber gefüttert wird.

3.6.2. Vitamin D-Gruppe

Wichtig sind in dieser Gruppe vor allem die Vitamine D2 und D3. Beide gehören zu den so genannten Calciferolen, wobei Vitamin D2 von Pflanzen, Vitamin D3 aus tierischer Nahrung stammt. Dabei hat D2 im Körper des Hundes eine annähernd große Wirkung wie D3. Bedeutsam sind die Calciferole für die Aufnahme von Kalzium und Phosphor aus dem Darm und damit für die richtige Mineralisierung der Knochen. Beim Menschen kennt man die Vitamin-D-Mangelkrankheit Rachitis mit Knochenverformungen, die früher häufig im Zusammenhang mit einer unzureichenden Portion Sonnenlicht stand. Hintergrund ist die Tatsache, dass beim Menschen eine Vorstufe von Vitamin D3 in der Haut unter UV-Licht-Einfluss zu Vitamin D3 umgebaut wird. Eine solche Umwandlung findet beim Hund nicht statt. Er ist also auf eine ausreichende Versorgung mit Vitamin D über die Nahrung angewiesen.

Auch bei diesem Vitamin kann man mit der Fütterung von Leber oder Lebertran einen guten Teil des Bedarfes decken. Die Ration sollte aber auf jeden Fall auf eine ausreichende Vitamin-D-Versorgung überprüft und eventuelle Mängel durch ein Zusatzfutter ausgeglichen werden.

3.6.3. Vitamin E

Die eng miteinander verwandten Vitamine aus der E-Gruppe wirken als Antioxidans, das heißt, das sie chemische Reaktionen im Körper, aber auch im Futter, verhindern, die im einen Fall Zellschäden anrichten und im anderen für das Verderben des Nahrungsmittels sorgen würden. In dieser Funktion kann es stellenweise durch andere Antioxidantien, wie Selen, Vitamin C oder körpereigene Proteine und Coenzyme ersetzt werden. Darüber hinaus ist Vitamin E aber unerlässlich für die Bildung von Fettsäuren, der Bestandteile des Erbgutes und den Energiestoffwechsel. Interessanterweise steigt der Vitamin E-Bedarf, je mehr ungesättigte Fettsäuren die Nahrung enthält – man sagt, pro Gramm ungesättigter Fettsäuren sollte mindestens 0,6mg Vitamin E gefüttert werden. Im Hinblick auf eine Überdosierung sind Hunde weit weniger empfindlich als bei Vitamin A oder Vitamin D.

Mangelerscheinungen äußern sich in Bewegungsstörungen und Muskelschwäche. Durch Zugabe von pflanzlichen Ölen, am besten

info

Futtermittel tierischer Herkunft enthalten grundsätzlich relativ wenig Vitamin E.

Sonnenblumen-, Maiskeim- oder Walnussöl, kann die Versorgung bei der Rohfütterung sicher gestellt werden.

3.6.4. Vitamin K

Dieses Vitamin spielt vor allem eine Rolle bei der Blutgerinnung und ist manchem vielleicht als Gegenmittel zu Rattengiften bekannt, deren Wirkung in eine massiv verschlechterte Gerinnungsfähigkeit des Blutes und nachfolgendem *(innerlichen)* Verbluten besteht. Bei erwachsenen Hunden kann ein erheblicher Teil des von ihnen benötigten Vitamin K von Bakterien im Dickdarm hergestellt und vom Hund genutzt werden. Bei Welpen liegen die Bedarfswerte höher, weil bei ihnen die Darmflora noch nicht ausgereift ist. Entsprechend kommen Mangelzustände bestenfalls bei ihnen oder bei Hunden mit einer stark gestörten Darmflora vor. Bei der Fütterung gesunder erwachsener Hunde braucht die Vitamin-K-Versorgung nicht gezielt überprüft zu werden.

3.6.5. Vitamin B1

Dieses, auch als Thiamin bezeichnete Vitamin ist an zahlreichen Stoffwechselvorgängen beteiligt. Bei körperlicher Aktivität steigt der Bedarf an. Es ist in Fleisch und vor allem in Leber in ausreichender Menge vorhanden und bleibt gerade bei der Rohfütterung ideal erhalten – durch Erhitzungs- und Trocknungsvorgänge wird es oft zerstört. Lediglich eine massenhafte

Fütterung von rohem Fisch oder Hefen kann theoretisch zu einem Mangel an Vitamin B1 führen, weil diese Nahrungsmittel Thiaminasen enthalten, Enzyme, die das Thiamin spalten, ehe es vom Körper genutzt werden kann.

3.6.6. Vitamine B2, B6 und B12

Auch diese Vitamine sind ebenso wie Vitamin B1 wichtig für den Stoffwechsel und der Bedarf damit aktivitätsabhängig. Mangelzustände sind selten und bei Rohfütterung nicht zu erwarten, weil vor allem Innereien reich an B-Vitaminen sind.

3.6.7. Vitamin C

Das „Vitamin" gehört hier eigentlich in Klammern, weil es für den Hund im Gegensatz zum Menschen nicht essentiell ist. Weder sind Mangelzustände erzeugbar, selbst bei Vitamin C-freier Ernährung, noch bringen zusätzliche Gaben einen positiven Effekt.

3.6.8. Biotin

Es wird bisweilen empfohlen, Biotin gegen unspezifische Hautprobleme zu ergänzen. Praktisch betrachtet kann ein Biotinmangel aber so gut wie ausgeschlossen werden, weil es in diversen Nahrungsmitteln, für uns sind vor allem Leber und Milch interessant, vorhanden ist, wenn auch jeweils nur in kleinen Mengen. Durch Erhitzen und Abfüllung in Dosen wird Biotin zerstört, weshalb Fertigfuttern künstliches Biotin zugesetzt wird. Bei der Rohfütterung ist die Biotinversorgung gesichert. Lediglich das Verfüttern rohen Eiklars führt dazu, dass Biotin gebunden wird und vom Körper nicht mehr aufgenommen werden kann.

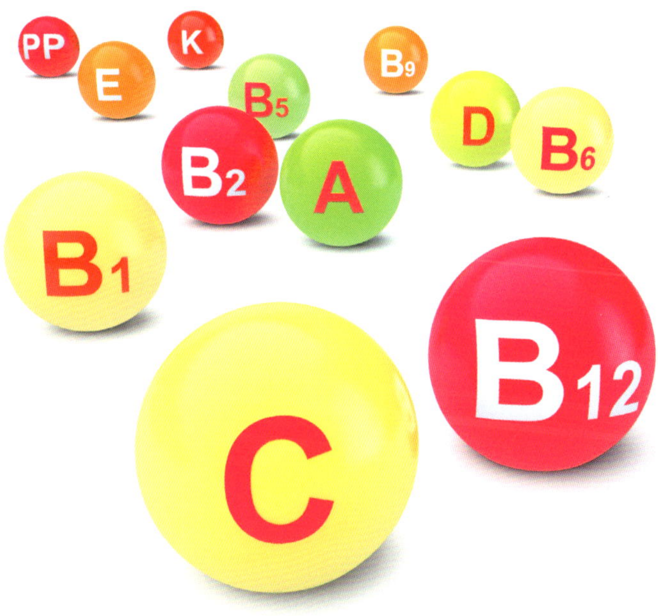

4 ROH FÜTTERN – WAS UND WOHER?

4.1. Fleisch und anderes Tierisches

4.1.1. Fleisch

Wie das Kapitel über die Proteine ergeben hat, ist Fleisch von der Eiweißzusammensetzung und der Verdaulichkeit ideal für den Hund. Dabei kann die Sorte, abhängig von der tierischen Herkunft, variiert werden. In Frage kommen Rind, Kalb, Lamm, Pferd, Ziege, Geflügel, Wild und Kaninchen. Darüber hinaus gibt es seltene und exotische Fleischsorten im Angebot wie Antilope oder Strauß. Es ist jedoch nicht nötig, dem Hund jeden Tag etwas anderes zu bieten. Für den Fall einer späteren Allergieentwicklung kann es sogar sinnvoll sein, eine oder zwei einfach zu beschaffende Fleischsorten auszuklammern und sozusagen "in Reserve" zu behalten.

Schweinefleisch darf nicht roh verfüttert werden, weil es Träger des Aujeszky-Virus sein kann. Dabei handelt es sich um einen Krankheitserreger, der Schweine zwar infizieren kann, bei ihnen aber nur selten zu Symptomen führt. Deshalb können sie unbemerkt das Virus verbreiten. Bei Wiederkäuern und Fleischfressern *(Hund, Katze, Nerz, Frettchen)* dagegen führt eine Infektion zu schweren, das Zentrale Nervensystem betreffenden Symptomen. Man bezeichnet die Aujeszkysche Krankheit auch als „Pseudo-Tollwut", weil die befallenen Tiere speicheln und aggressiv werden, dazu einen enormen Juckreiz entwickeln. Die Erkrankung endet innerhalb von maximal 72 Stunden tödlich. Aufgrund der Schwere der Infektion für den Hund wird die Empfehlung, rohes Schweinefleisch nicht zu füttern, aufrecht erhalten, obwohl die Krankheit aufgrund der für sie bestehenden Anzeigepflicht und umfassenden Impfprogrammen bei Schweinen sehr selten geworden ist. In der Schweiz gilt sie bereits als getilgt.

Die Energiedichte von Fleisch variiert stark mit dem Fettanteil. Eher magere Fleischsorten sind Pute, Huhn, Pferde- oder Kaninchenfleisch. Zu den fetteren gehören Rinderhochrippe, Hammel und Ente. Selbstverständlich ist der Fettgehalt aber auch davon abhängig, welche Körperregionen verwendet werden. So ist zum Beispiel Herz oder reines Muskelfleisch fettarm, Kopffleisch eher fett. Man sollte den Fettanteil den Bedürfnissen des Hundes anpassen: Agile, unter Umständen sogar sportlich oder jagdlich genutzte Tiere benötigen mehr Energie, die man am einfachsten über einen höheren Prozentsatz an Fett zuführt. Allerdings geht dies dann zulasten des Eiweißanteils, so dass man darauf achten muss, dass auch der Proteinbedarf noch gedeckt wird. Mageres Fleisch hat eine Energiedichte von 0,5 MJ umsetzbarer Energie/100 Gramm Fleisch; die Werte reichen dann übergangslos bis zu 2 MJ/100g bei fettreichen Stücken.

Fleisch bietet eine optimale Eiweißversorgung und kann *(zu einem mehr oder weniger großen Teil)* Energie und wasserlösliche Vitamine liefern. Es ist reich an Phosphor und arm an Kalzium, so dass dieses Verhältnis dringend durch eine zusätzliche Gabe von Kalziumquellen korrigiert werden muss. Außerdem fehlen bei reiner Fleischfütterung Natrium, fettlösliche Vitamine, essentielle Fettsäuren und Ballaststoffe.

4.1.2. Innereien

Leber vom Rind oder Kalb ist ein optimales Ergänzungsfutter im Hinblick auf Vitamin A, Zink, Kupfer und Eisen, die Vitamine B12, B2 und Biotin. Leber und auch Niere sind fett- und kalziumarm, liefern hochwertiges Protein und sind in ihrem Nährwert daher dem Fleisch ähnlich. Leber enthält außerdem zwischen 2 und 4% Glykogen. Letzteres ist für den Hund schwer verdaulich und wird erst im Dickdarm von Bakterien zersetzt. Das führt bei Fütterung größerer Mengen an Leber zu weichem Kot bis hin zum Durchfall. Empfehlenswert sind etwa 1 bis 1,5 Gramm pro Kilogramm Körpergewicht des Hundes pro Tag. Wenn es die Verdauung verträgt, kann eine entsprechend hochgerechnete Menge alle paar Tage bis hin zu einmal wöchentlich verfüttert werden. Von größeren Mengen ist dringend abzuraten, nicht nur wegen der Auswirkung auf die Kotkonsistenz: Allzu schnell wird der Vitamin-A-Bedarf überschritten, da dessen Gehalt in der Leber schwankend ist. Bei regelmäßiger Leberfütterung ist aus diesem Grund auch von der Zugabe von Vitamin-A-haltigen Zusatzfuttermitteln abzusehen. Dagegen ist eine Belastung mit Schadstoffen nicht zu befürchten, weil die Lebensmittelkontrollen hierzulande besonders im Hinblick auf Innereien sehr gut sind.

info

Leber kann ohne Verluste im Vitamingehalt eingefroren werden, am besten gleich portionsweise.

Die **Vormägen** des Rindes, vor allem Pansen und Blättermagen, sind bei Hunden ausgesprochen beliebt. Man erhält weißen, gewaschenen Pansen und grünen Pansen, an dessen Innenseite sich noch Futterbestandteile des Rindes befinden. Letzterer zeichnet sich durch einen intensiven Geruch aus, kommt aber der natürlichen Hundenahrung so nahe, dass es sich lohnt, ihn dem Hund hin und wieder zu gönnen. Getrockneter Pansen ist extrem kalorienreich – 100 Gramm getrockneter Pansen liefert so viel Energie wie 500 Gramm frischer Pansen - und sollte daher, wenn überhaupt, nur mit Vorsicht und in kleinen Mengen gegeben werden.

info

Pansen und die übrigen Vormägen haben im Vergleich zu Fleisch einen deutlich höheren Bindegewebsanteil, was das Kauen anregt. Allerdings werden bindegewebereiche Produkte vorwiegend von Mikroorganismen im Dickdarm zersetzt, was zu Blähungen und Durchfall führen kann. Bei diesbezüglich empfindlichen Hunden sollte daher auf die Fütterung von Vormägen verzichtet werden.

4.1.3. „Schlachtabfälle"

(Lunge, Milz, Schlund, Euter, Hoden, Sehnen, Knorpel)

Diese Gruppe an Schlachterzeugnissen zeichnet sich durch einen relativ hohen Bindegewebsanteil aus und wird deshalb zusammengefasst behandelt. Zwar sind sie, wie das Fleisch auch, eiweißreich, die Aminosäurenzusammensetzung und die Verdaulichkeit entsprechen jedoch nicht ganz so ideal wie bei diesem dem Bedarf des Hundes. Auch an Mineralien und Vitaminen haben diese Produkte wenig beizusteuern. Ein Euter mit Milchresten kann noch ein wenig Kalzium beisteuern, die Milz etwas Eisen – aber das ist nichts, was man zuverlässig zur Nährstoffversorgung dazu rechnen kann. Es handelt sich daher hauptsächlich um Produkte, die dem Hund Spaß beim Kauen bescheren sollen und sind als solche ein guter Ersatz für fertige Kauprodukte.

Ihr Anteil an der Nahrung muss sich aber aus praktischen Gründen im Rahmen halten, weil der hohe Bindegewebsanteil eine verstärkte Verdauung durch Bakterien im Dickdarm nach sich zieht. Dabei entstehen so genannte biogene Amine, die weichen, schmierigen Kot und eventuell Durchfall verursachen. Die Darmflora wird ungünstig beeinflusst. Außerdem hat der Körper mit dem Abbau von minderwertigem Eiweiß zu tun, das er für sich nicht ideal nutzen kann. Als Richtwert für die Menge an bindegewebsreichen Schlachtprodukten dient daher eine Zahl von höchstens 15 bis 20 Gramm pro Kilogramm Körpergewicht des Hundes am Tag.

4.1.4. Knochen

Anhand von Knochen kann auf natürliche Weise die Proteinversorgung durch Mineralstoffe ergänzt werden. Dabei ist zu beachten, dass die Knochen zu diesem Zweck selbstverständlich auch richtig gefressen werden müssen. Das gelingt dem Hund mit nicht allzu harten Knochen wie denen von Kälbern oder jungem Geflügel. Geradezu klassisch beim BARFen ist die Fütterung von fleischigen Hühnerhälsen, auch Putenhälse sind möglich. Aber auch dünnere Knochen älterer Schlachttiere wie Rippen oder Brustbein können Hunde zerkauen und verwerten.

Einfach nur als Spielzeug, zur Beschäftigung und zum Gebisstraining eignen sich dicke, stabile Knochen aus Oberarm oder –schenkel älterer Tiere. Von diesen wird nichts oder wenig verschluckt.

Knochen liefern vor allem das wichtige und im Fleisch nur in geringen Mengen vorhandene Kalzium, außerdem Magnesium, Kupfer und Zink. Der Energiegehalt hängt davon ab, ob fettreiches Mark mit verfüttert wird. Um adäquat Kalzium zu ergänzen, müssen 0,5 bis 1 Gramm pure oder 3 bis 5 Gramm fleischige Knochen wie Hühnerhälse pro Kilogramm Körpergewicht des Hundes gegeben werden. Das ist nicht viel! Gibt man mehr, dann kommt es schnell zu einer deutlichen Kalziumüberversorgung, die gerade bei wachsenden Hunden zu bleibenden Schäden am Skelett führen kann. Außerdem sei an dieser Stelle auf den immer wieder in der Tierarztpraxis zu beobachtenden steinharten Knochenkot hingewiesen, der nach einer übermäßigen Knochenfütterung entsteht und zu schweren, schmerzhaften Verstopfungen führt *(siehe auch Kapitel 6.2.).*

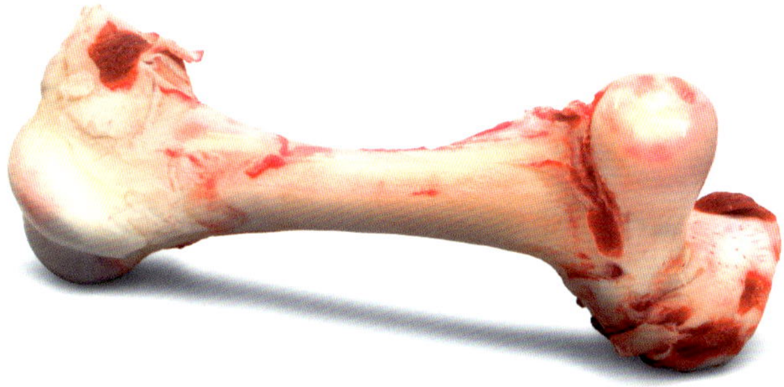

Um Fleisch, Innereien, andere Schlachtprodukte und Knochen frisch zu bekommen, hat man verschiedene Möglichkeiten. Es gibt inzwischen diverse Internetanbieter, die eine zum Teil sehr große Auswahl an tiefgefrorenen frischen tierischen Produkten anbieten und zusenden. Über die Suchfunktion im Netz sind sie sehr einfach aufzufinden. Auch die Zoofachgeschäfte haben sich teilweise auf den Bedarf eingestellt und bieten gefrorene rohe Produkte an, allerdings zu relativ hohen Preisen. Wer regionale Erzeugnisse kaufen und Fehler in der Kühlkette vermeiden will, erkundigt sich bei Metzgereien, Schlachthöfen oder Hofläden vor Ort und friert selber ein. Hier kann man oft zu akzeptablen Preisen kaufen, was ohnehin nicht dringend gebraucht wird. Ein solcher Bezug ist sicher im Sinne kleiner Transportwege und Frische die beste Wahl. Wem derartige Möglichkeiten verschlossen sind, der kann aber auch guten Gewissens tiefgekühlte Ware bestellen. Auch beim Discounter kann man

info

Älteres Geflügel sowie Wild sind als Knochenlieferanten aus Vorsichtsgründen abzulehnen, weil deren Knochen splittern und damit die empfindlichen Schleimhäute im Verdauungstrakt des Hundes verletzen könnten, auch wenn das vergleichsweise selten vorkommt.

bisweilen für die BARF-Fütterung geeignete Produkte finden.

Unter den BARF-Shops gibt es auch solche, die gezielt Bio-Fleisch anbieten. Gleiches lässt sich vielleicht auch in der Umgebung direkt vom Metzger kaufen. Rein ideologisch gesehen ist bei Fleisch Bio-Produkten sicher der Vorzug zu geben, weil die späteren Schlachttiere deutlich artgerechter ernährt und gehalten werden. Durch die Vorgaben zur Verwendung hofeigenen Futters ohne Schädlingsbekämpfungs- oder Pflanzenschutzmittel unterstützt man durch den Kauf von Bio-Fleisch zusätzlich den Umweltschutz. Allerdings ist die Produktion von Bio-Fleisch nachweislich deutlich teurer, was sich im Verkaufspreis widerspiegelt. Bei der Fütterung gerade großer oder mehrerer Hunde muss man dann schon recht tief in die Tasche greifen. Wer sich das nicht leisten kann oder will, braucht sich zumindest hinsichtlich der Gesundheit seines Tieres keine Gedanken zu machen. Langzeitstudien zufolge soll Bio-Fleisch zwar insofern gesünder sein als konventionell produziertes, weil es dank des höheren Anteils an Grünfutter gegenüber Getreide mehr Omega-3-Fettsäuren enthält. Man kann diese aber auch über Fisch oder Lebertran zuführen, wobei es beim Hund keinerlei Studien gibt, ob eine solche Höherversorgung überhaupt die Gesundheit des Tieres verbessert, wenn keine spezifischen Probleme vorliegen. Antibiotika werden grundsätzlich auch in der Biohaltung eingesetzt, allerdings nicht prophylaktisch. Das ist erstrebenswert, lässt jedoch keinen Rückschluss auf eventuelle Rückstände im Fleisch zu. Diese sind abhängig von einer korrekt eingehaltenen Wartezeit.

4.1.5. Fisch

Fisch wird von Hunden in der Regel gern gefressen und bietet auch eine ausgewogene Nährstoff-

zufuhr dank des gut verdaulichen Eiweißes, Energie liefernden Fettes mit vielen ungesättigten Fettsäuren, Gräten, die Mineralstoffe enthalten sowie fettlöslichen Vitaminen. Große Gräten sollte man entfernen, weil sie splittern und den Magen-Darm-Trakt des Hundes verletzen können. Ansonsten kann man Fisch ruhig im Ganzen füttern. Die erwünschten Omega-3-Fettsäuren sind vor allem im den Sorten Lachs, Sardelle, Sardine, Hering, Makrele und Thunfisch *(Gehalt in absteigender Reihenfolge)* enthalten.

Zwei Probleme gibt es allerdings: Rohe Fische können Träger von Parasiten sein *(siehe auch Kapitel 6.1.)*, und sie enthalten so genannte Thiaminasen, die das Vitamin B1 *(Thiamin)* spalten können. Hunde reagieren im Gegensatz zu Katzen nicht so schnell auf einen Thiaminmangel. Um ganz sicher zu gehen, sollte man den Anteil rohen Fischs an der Ration aber auf jeden Fall gering halten. Viele verschiedene Fischarten verfügen über die Thiaminasen, und es lässt sich weder eine Einteilung in Süß- und Salzwasserfische vornehmen, um sicher zu sein, dass die verwendete Fischart nicht dazu gehört, noch reicht es aus, bestimmte Körperteile wie den Kopf nicht mit zu verfüttern. In der Regel wird der Anteil an Fisch aber ohnehin dadurch limitiert, dass die Hunde bei Fütterung von zu viel Fisch selbst diesen Geruch annehmen.

4.1.6. Milch und Milchprodukte

Milch kommt naturgemäß eigentlich nicht im Speiseplan des Wolfes vor. Wer besonderen Wert auf Natürlichkeit legt, lässt Milchprodukte daher wahrscheinlich von vorneherein weg. Der erwachsene Hund ist eigentlich auch nicht darauf eingestellt, Milch zu verdauen: Während Saugwelpen noch über ein Enzym verfügen, das den Milchzucker spalten kann *(Milchzucker = Laktose, das Enzym heißt Laktase)*, wird diese Enzymaktivität beim nicht mehr gesäugten Tier auf etwa 10 % dessen, was als Welpe produziert wurde, heruntergefahren. Dadurch gelangen die Zuckermoleküle als ganzes in den Dickdarm und ziehen aufgrund des so genannten osmotischen Drucks Wasser ins Darminnere –Durchfall ist die Folge. Zusätzlich wird der Milchzucker von Bakterien vergoren, was zu Blähungen führen kann.

Das bedeutet aber nicht, dass man auf Milchprodukte komplett verzichten muss. Gerade bei wachsenden Hunden und zur Zucht verwendeten Tieren ergänzen sie mit wertvollen hochverdaulichen Aminosäuren und Kalzium die Ernährung ideal und verbessern aufgrund ihrer Schmackhaftigkeit auch die Akzeptanz bestimmter Futtermittel, falls das nötig ist. Bis zu

20 Milliliter Milch pro Kilogramm Körpergewicht am Tag verträgt der Hund in der Regel. Dabei spielt es keine Rolle für die Verträglichkeit, sondern lediglich für die Energiezufuhr, ob Vollmilch oder Magermilch verwendet wird. Welche Menge genau individuell möglich ist, muss man ausprobieren, wenn man gerne Milch füttern möchte. Ansonsten kann Käse gegeben werden. Er enthält deutlich weniger Milchzucker.

Art des Milchproduktes	Laktosegehalt in 100 ml bzw. 100g Lebensmittel [g]	Kalziumgehalt in 100 g Lebensmittel [mg]
Voll- oder Magermilch (Kuhmilch)	4,6 bis 4,8	120
Kondensmilch	9 bis 13	100
Quark (20% Fett)	2,7 bis 3,7	100
Hartkäse	0,1 bis 0,5	800 bis 1000
Hüttenkäse	2,6	100
Joghurt (3,2 % Fett)	3,7 bis 5,6	100
Buttermilch	3,5 bis 4	120
Ziegenmilch	4,4	130

Vergleich der Laktose- und Kalziummenge in einigen Milchprodukten

Gerne wird Joghurt zum Aufbau, zur Regeneration oder Gesunderhaltung der Darmflora empfohlen. Allerdings werden die in „normalem“ Joghurt enthaltenen Milchsäurebakterien – die in der Tat als nützliche Bewohner des Darms willkommen wären – von der Magensäure zerstört und erreichen den Darm gar nicht. Probiotische Joghurtprodukte dagegen enthalten Varianten der Milchsäurebakterien, die gegen die Magensäure unempfindlich sind. Der Anteil dieser „gesunden“ Keime scheint je nach Produkt unterschiedlich zu sein. Zumindest wurden relevante Qualitätsunterschiede zwischen einzelnen Erzeugnissen festgestellt, was den Effekt auf weniger Durchfälle und eine Steigerung der Körperabwehr angeht. Grundsätzlich ist ein solcher aber nachweisbar vorhanden.

4.1.7. Eier

Hühnerei liefert vor allem Proteine und Fett, aber auch Vitamine und Spurenelemente. Dabei ist vor allem der Eidotter der Teil, der das „Gute“ enthält. Besonders erwähnenswert sind die essentiellen Fettsäuren, speziell Omega-3-Fettsäuren.

Fett	7 g
Eiweiß	4 g
Vitamin A	0,2 mg
Vitamin D	2 μg
Vitamin E	1,2 mg
Biotin	11 μg
Natrium	11 mg
Kalium	30 mg

Ernährungsphysiologisch interessante Inhaltsstoffe in 22 g Eidotter

Das Eiklar dagegen ist roh verfüttert ausgesprochen kontraproduktiv. Es enthält zum einen Avidin, einen Stoff, der Biotin im Hundedarm bindet. Damit wird nicht nur die Zufuhr von Biotin über das Eigelb zunichte gemacht, sondern insgesamt die Biotinversorgung des Hundes in Frage gestellt. Innerhalb weniger Tage kann man mit der Gabe von zwei bis drei ganzen rohen Eiern pro Tag einen Biotinmangel auslösen. Des weiteren ist im Eiklar ein Trypsinhemmstoff enthalten. Trypsin ist ein Gemisch von Verdauungsenzymen, das für die Proteinverdauung von großer Bedeutung ist. Wird es in seiner Funktion behindert, dann werden Eiweiße nicht mehr genügend gespalten. Es besteht die Gefahr von Durchfällen.

Durch Kochen können beide Stoffe inaktiviert werden; gekochtes Eiweiß zu verfüttern, ist demnach kein Problem. Möchte man durchgehend roh füttern, dann wird das Ei getrennt und dem Hund ausschließlich das Eigelb gegeben.

Eierschalen enthalten zwischen 30 und 40% für den Körper verfügbares Kalzium. Man kann also mittels einem Gramm geriebener Eierschale zwischen 300 und 400 Milligramm Kalzium ergänzen.

4.2. Gemüse

Ernährungsphysiologisch gesehen ist die Hauptintention bei der Verfütterung von Gemüse die Zufuhr von Ballaststoffen und wasserlöslichen Vitaminen sowie Provitamin A *(Betacarotin in Spinat und Möhren)*. Es gibt einige sehr proteinreiche Gemüsesorten wie grünen Salat oder Spinat. Allerdings spielt die Verwertung pflanzlicher Proteine beim BARFen eher eine untergeordnete Rolle, da der Eiweißbedarf durch das hochwertige und hochverdauliche Fleischeiweiß bereits gedeckt ist.

Wenn man konsequent roh füttert, dann scheiden Gemüsesorten wie Brokkoli, Blumenkohl, Wirsing, Rot- oder Weißkohl, Erbsen oder Bohnen von vornherein aus. Leguminosen *(Erbsen, Bohnen)* enthalten neben einem hohen Anteil schwer verdaulicher Oligosaccharide im ungekochten Zustand auch gesundheitsgefährdende Stoffe wie Glykoside und Alkaloide. Auch bei Kohlsorten stellen die unverdaulichen Saccharide insofern ein Problem dar, als dass sie die Bakterien im Darm zu Gasbildung anregen und damit schnell heftige Blähungen auslösen. Zwar gibt es einige Hunde, die individuell mit kleinen Mengen rohen Kohls klar kommen. Man kann das ausprobieren, ohne ernsthafte Gesundheitsschäden befürchten zu müssen. Grundsätzlich gibt es jedoch besser für die Rohfütterung geeignetes Gemüse.

Avocados enthalten in wechselnden Konzentrationen den Wirkstoff Persin, der bei diversen Tierarten und rein theoretisch auch beim Hund Herzmuskelschäden auslösen kann. Dafür scheint zum einen eine große Menge verabreichter Avocado nötig zu sein, zum anderen gibt es sicher individuelle Unterschiede in der Empfindlichkeit, so dass man weder Grenzwerte noch Mengenbegrenzungen festlegen kann. Schaut man sich jedoch die Statistiken von Tierkliniken und Vergiftungszentren an, dann wird man feststellen, dass Avocadovergiftungen praktisch nicht relevant sind. Wer auf Nummer Sicher gehen will, nimmt die Avocado nicht mit auf den Speiseplan des Hundes.

Mais ist extrem stärkehaltig und kann daher vom Hundedarm eigentlich nicht wirklich verwertet werden. Man sieht das auch daran, dass getrocknete Maiskörner völlig ungenutzt wieder ausgeschieden werden. Mais aus der Dose kann püriert verfüttert und dann auch zu einem Teil verwertet werden, ist aber bereits gekocht und gehört damit eigentlich nicht zum BARFen dazu.

Zwiebeln werden in der Regel vom Hund ohnehin nicht gerne gefressen, sollten aber auch nicht im Irrglauben an eine parasitenabtötende Wirkung unter die Ration gemogelt werden. Bei einer Dosierung von über 5 Gramm Zwiebeln pro Kilogramm Körpergewicht des Hundes am Tag kann ein in den Zwiebeln enthaltener schwefelhaltiger Inhaltsstoff die roten Blutkörperchen des Vierbeiners zerstören. Das gilt auch für Knoblauch und vor allem, da man solche Dosierungen mit frischem Knoblauch ohnehin schwer erreicht, für Knoblauchextrakt.

Bei den übrigen Gemüsearten gibt es keinerlei Bedenken gegen eine rohe Verabreichung, wobei wie fast immer in der Ernährung gilt, dass kleine Mengen und eine große Bandbreite stets besser sind als eine einseitige und damit im Zweifelsfall überhöhte Versorgung mit einzelnen Sorten. Entgegen anderslautender Berichte können auch Nachtschattengewächse wie Tomaten oder Auberginen im reifen Zustand gegeben werden, da bei diesen, im Gegensatz zu Kartoffeln, während der Fruchtreifung der Gehalt an giftigem Solanin bis auf winzigste und ungefährliche Mengen absinkt. Auch Paprika aller Farben kann in vernünftig geringen Mengen verfüttert werden. Weiterhin bieten sich Blattsalate, Fenchel, Pastinake, Blattspinat, Gurke, Kohlrabi, Zucchini und Möhren an. Allgemein sind alle Gemüsesorten für den Hund besser verdaulich, wenn man sie im Mixer püriert. Dadurch werden die für den Hunddarm schwer angreifbaren pflanzlichen Zellwände teilweise „geknackt". Zur Verwertung des fettlöslichen Beta-Carotins sollte zu rohen Möhren oder Spinat ein wenig Öl zugegeben werden.

Auch Gartenkräuter wie Petersilie liefern Fasern zur Anregung der Verdauung. Dagegen sollte zur Vermeidung unerwünschter Effekte auf fertig produzierte Kräutermischungen lieber verzichtet werden, wenn man damit nicht ein spezielles Ergebnis erreichen will und sich dafür genau über die Heilwirkung von Kräutern informiert.

Wie für den eigenen Bedarf kauft man Gemüse am besten frisch und aus regionaler Produktion. Eine zu lange Lagerung ist aufgrund der Nährstoffverluste zu vermeiden. Zur einfacheren Versorgung kann Gemüse aber eingefroren werden, zu unseren Zwecken am besten püriert und als Tagesportion.

info

Sollte ein Hund das rohe Gemüse nicht vertragen und mit Durchfall oder Blähungen reagieren, dann kann man es blanchieren oder dünsten und dann am besten das verwendete Wasser mit verfüttern, damit sämtliche Nährstoffe im Hund „ankommen".

Gemüsesorte	Kalzium [mg]	Phosphor [mg]	Magnesium [mg]	Kalium [mg]	Natrium [mg]	Eisen [mg]	Zink [mg]
Möhren	50	35	20	340	30	0,7	0,4
Kopfsalat	30	20	10	170	9	0,3	0,2
Spinat	120	60	40	580	15	5,0	0,4
Tomaten	50	20	10	160	15	0,5	0,2
Kohlrabi	50	30	30	160	35	0,6	0,3
Kresse	61	48	26	350	240	0,8	0,15
Pastinake	37	70	30	370	240	0,58	0,6

Mineralstoffgehalte verschiedener Gemüsesorten pro 100 g Lebensmittel

Gemüsesorte	Vitamin A [IE]	Vitamin E [mg]	Vitamin B1 [mg]	Vitamin B6 [mg]	Biotin [µg]
Möhren	6700	0,4	0,07	0,05	0,6
Kopfsalat	630	0,5	0,04	0,04	0,7
Spinat	3800	0,5	0,09	0,17	1,0
Tomaten	790	1,2	0,1	0,1	1,5
Kohlrabi	180	0,4	0,05	0,08	2,7
Kresse	4650	0,5	0,15	0,16	0,9

Vitamingehalte verschiedener Gemüsesorten pro 100 g Lebensmittel

4.3. Kohlenhydrate und Obst

In fertigen Mischfuttermitteln macht vor allem bei Trockenfutter Getreide einen nicht unerheblichen Anteil der Ration aus. Wie aus Kapitel 3 ersichtlich ist, sind Kohlenhydrate nicht unbedingt nötig für die Ernährung des Hundes, werden aber häufig eingesetzt, um ein ausreichendes Sättigungsgefühl zu erzielen. Zu den normalerweise verwendeten Kohlenhydratquellen gehören Hafer, Weizen, Dinkel, Reis und Kartoffeln, in selbst gekochten Rationen auch Nudeln. Alle diese Nahrungsmittel müssen jedoch zum Aufschluss der Stärke gekocht werden, weil sie sonst schwer verdaulich sind und Durchfall auslösen können. Aus diesem Grund kommen sie für die Rohfütterung nicht in Frage.

Man kann sie den BARF-Rationen in gekochtem Zustand beifügen, hautsächlich mit dem Ziel, Energie ohne gleichzeitiges Eiweiß zuzuführen. Die Verdaulichkeit des Eiweiß der rohen Bestandteile sinkt bei Zugabe von Getreide von 92% auf etwa 85% und liegt dann sogar unter der von gekochter Nahrung. Auch die Fettverdauung wird durch gleichzeitige Getreidefütterung verschlechtert, allerdings weniger ausgeprägt (98% auf 95% - *Quelle: 13*). Das bringt den Hund nicht in Mangelsituationen, ist aber ein interessanter Aspekt, wenn mit der besseren Verdaulichkeit des Proteins bei der

Rohfütterung argumentiert wird.

Kohlenhydrate werden in der reinen BARF-Fütterung neben den Ballaststoffen aus dem Gemüse über Obst verabreicht. Es enthält Fruktose *(Fruchtzucker)*, Fructooligosaccharide und Pektine, wobei die ersteren beiden den süßen Geschmack ausmachen, die zwei letzteren ernährungsphysiologisch als Ballaststoffe zu sehen sind, weil der Körper sie nicht abbauen kann. Daneben besteht Obst zu 85% aus Wasser und enthält wasserlösliche Vitamine sowie verschiedene fruchteigene gesundheitsfördernde Wirkstoffe, über deren Bedeutung und Wirkweise derzeit vermehrt geforscht wird.

Verwendbar ist so ziemlich jedes Obst, vorausgesetzt, der Hund mag es. Vorsicht ist lediglich bei Weintrauben geboten. Es gibt immer wieder Berichte über Vergiftungserscheinungen mit diesen Früchten, wobei der Mechanismus der Vergiftung nicht geklärt ist. Man weiß nicht, ob das Nierenversagen, das bei Dosierungen von 10 bis 30 Gramm Weintrauben pro Kilogramm Körpergewicht auftreten kann, auf Inhaltsstoffe der Kerne, des Fruchtfleisches oder auf Pflanzenschutzmittel zurückgeht.

Bananen sind sehr stärkehaltig und damit gute Energielieferanten, sollten jedoch aus diesem Grund *(schwer verdauliche Stärke)* nur in geringer Menge verfüttert werden.

Obstsorte	Kalzium [mg]	Phosphor [mg]	Magnesium [mg]	Kalium [mg]	Natrium [mg]	Eisen [mg]	Zink [mg]
Äpfel	9	10	3	240	2	0,4	0,1
Bananen	8	27	31	382	1	0,4	0,1
Heidelbeeren	10	13	2	78	1	0,7	0,1
Brombeeren	45	30	30	190	2-3	0,9	0,19
Nektarinen	4	0,5	10	212	9	0,5	0,1
Kiwi	38	31	24	320	3-4	0,8	0,5

Mineralstoffgehalte verschiedener Obstsorten pro 100 g Lebensmittel

Obstsorte	Vitamin A [IE]	Vitamin E [mg]	Vitamin B1 [mg]	Vitamin B6 [mg]	Biotin [μg]
Äpfel	9	10	3	240	2
Bananen	8	27	31	382	1
Heidelbeeren	-	0,185	0,02	0,06	1
Brombeeren	-	0,6-0,7	0,03	0,05	0,4
Nektarinen	-	-	0,02	0,02	1
Kiwi	-	0,5	0,01-0,02	0,01-0,02	0,5

Vitamingehalte verschiedener Obstsorten pro 100 g Lebensmittel

Obstkerne und -steine enthalten giftige Blausäure, was in der Regel kein Problem darstellt, wenn die Hunde den Kern oder Stein nicht zerbeißen. Neigt der eigene Hund dazu, dann ist es besser, die Kerne nicht mit zu verfüttern.

Am besten wird ebenso wie das Gemüse auch das Obst zerkleinert, eventuell püriert und als Obstbrei gefüttert. Bisweilen wird auch hier die Zugabe von Öl zur besseren Verwertung der fettlöslichen Vitamine empfohlen. Allerdings ist deren Gehalt bis auf den von Vitamin E in Äpfeln und Bananen *(siehe Tabelle auf S. 45)* so gering, dass Obst als Lieferant fettlöslicher Vitamine insgesamt gesehen keine Rolle spielt.

4.4. Öle und Fette

Mit der Zugabe vom Öl zum Futter kann der Energiegehalt, falls er noch nicht ausreichend ist, aufgestockt werden, da Fett, wie bereits erwähnt, ein idealer Energielieferant ist. Zudem wird die Nahrung durch Fettzugabe schmackhafter für den Hund. Tierische Fette eignen sich zwar als Energiequelle, liefern jedoch abgesehen von Fischöl nicht die wertvollen essentiellen Fettsäuren *(siehe Kapitel 3.2.)*. Es ist daher sinnvoll, die Fleischfütterung anhand von Pflanzenölen zu ergänzen. Um den Bedarf sowohl an Omega-3- als auch an Omega-6-Fettsäuren zu decken, empfiehlt es sich, verschiedene Öle miteinander abzuwechseln. Der Gehalt an Linolsäure sollte mindestens 1% der Futtertrockensubstanz betragen. *(Achtung: Dieser Wert ergibt sich, wenn man die Feuchtigkeit aus dem Futter verdampfen lassen würde. Der Gehalt am realen Futter ist demnach geringer.)* Für α-Linolensäure wird ein Bedarfswert von 50 Milligramm pro Kilogramm Körpergewicht pro Tag angegeben. Pflanzenöle versorgen den Vierbeiner außerdem mit Vitamin E.

4.5. Nüsse

Verfüttert werden können Haselnüsse, Walnüsse, Erdnüsse, Paranüsse, Mandeln oder Cashewkerne.

Mandeln sollten Süßmandeln sein, zwischen denen ein sehr geringer Anteil bitterer, Blausäure enthaltener Mandeln vorkommen kann, gesundheitlich jedoch unbedenklich ist. Macadamia-Nüsse dagegen sollten nicht zum Speiseplan gehören. Neben Schwäche und Erbrechen führt ihr Genuss bei unseren Haushunden zu Zittern, einer bis über 40°C erhöhten Körpertemperatur, Lahmheit, Steifheit und Bauchschmerzen. Warum das so ist und was die Macadamia-Nuss enthält, das sie so ungenießbar für Hunde macht, konnte bisher noch niemand erklären. Teilweise sind jedenfalls schon bei der sehr geringen Dosis von 0,7 Gramm pro Kilogramm Körpergewicht Symptome aufgetreten, während andere Vierbeiner über 60 Gramm pro eigenem Kilo fressen können, ehe sie Vergiftungserscheinungen zeigen.

Nüsse sind protein- und auch fettreich. Ihr Gehalt an Spurenelementen ist recht hoch. Dennoch reicht ein Esslöffel einer Nussmischung pro Tag nicht aus, um den kompletten Bedarf des Hundes an Spurenelementen zu decken, wie es manchmal behauptet wird. Die Mengen, die hierfür benötigt werden, sind teilweise unsinnig hoch im Hinblick auf den Energiegehalt der Nüsse. Als Ergänzung sind sie aber auf jeden Fall sinnvoll.

Nussart	Kupfergehalt [μg]/100g	Kupferbedarf pro Tag [μg] am Beispiel eines 25 kg-Hundes	Zinkgehalt [μg]/100g	Zinkbedarf pro Tag [μg] am Beispiel eines 25 kg-Hundes
Haselnüsse	1300	2500 = 192 g	2400	25000 = 1041 g
Cashewkerne	3700	2500 = 67 g	4800	25000 = 521 g
Walnüsse	600	2500 = 417 g	2700	25000 = 926 g

Beispiele für die bei den unterschiedlichen Nussarten notwendigen Mengen zur Bedarfsdeckung einzelner Spurenelemente.

5 LOS GEHT´S!

5.1. Bedarfsberechnungen

Wer bisher Fertigfuttermittel verwendet hat und sich auf zumindest ungefähr passende Packungsangaben verlassen konnte, aber auch der Neu-Hundebesitzer steht mit Beginn der Rohfütterung natürlich zuallererst vor der Frage: Wie viel muss der Hund eigentlich bekommen? Welche Menge ist insgesamt nötig und wie viel macht jede der Einzelkomponenten aus?

Am besten stellt man zuerst eine Liste der Einzelfuttermittel zusammen, die man verwenden möchte. Dann muss man herausfinden, wie viel Energie pro Tag der Hund in seiner Lebenssituation benötigt.

Bedarfswerte zu sämtlichen Nährstoffen werden von der DGE (Deutsche Gesellschaft für Ernährungsphysiologie) und dem amerikanischen NRC (National research Council) herausgegeben. Für beide Organisationen haben unabhän-

gige Ernährungswissenschaftler wissenschaftliche Untersuchungen ausgewertet und auf deren Basis den Bedarf festgelegt. Differenzen zwischen den beiden Empfehlungen kommen durch eine unterschiedliche Wertung bestimmter Studien zustande. Diese Unterschiede lassen bisweilen unter Hundehaltern Zweifel an der Richtigkeit und Wichtigkeit der Bedarfberechnungen aufkommen. Es ist in der Medizin jedoch gang und gäbe, dass es nicht „die eine Wahrheit" gibt. Dennoch erwartet man von verantwortungsbewussten Medizinern, dass sie nach den wissenschaftlich bestmöglichen Erkenntnissen arbeiten und nicht nach eigenem Gutdünken. So will es dieses Buch auch halten und daher liegen den hier aufgeführten Werten und Berechnungen die Richtwerte der DGE zugrunde. Deren Angaben sind insgesamt etwas höher als die des NRC, so dass man damit „auf der sicheren Seite" ist, eine geringe Abweichung nach unten in der eigenen Ration vermutlich aber auch kein Problem darstellen dürfte.

Die exakte Formel zur Berechnung der Anforderungen an den Energiegehalt lautet 0,5 MJ x KGW 0,75 /Tag. Man kann aber den Wert auch relativ genau der unten stehenden Tabelle entnehmen.

Dazu sind einige Anmerkungen nötig. Wichtig ist, dass sich die Angaben auf das Idealgewicht des Hundes, das unter Umständen nicht dem realen Körpergewicht entspricht, beziehen. Für die Berechnung sollte auf jeden Fall das Idealgewicht angesetzt werden, um

Körpergewicht [kg]	Ausgewachsene, durchschnittlich aktive Hunde		Ältere, weniger aktive Hunde	
	Energie [MJ] pro Kilogramm KGW	Energie [MJ] pro Tier	Energie [MJ] pro Kilogramm KGW	Energie [MJ] pro Tier
2	0,47	0,94	0,35	0,71
5	0,37	1,87	0,28	1,40
10	0,31	3,15	0,24	2,36
15	0,28	4,27	0,21	3,20
20	0,26	5,30	0,20	3,97
25	0,25	6,26	0,19	4,70
30	0,24	7,18	0,18	5,38
35	0,23	8,06	0,17	6,04
40	0,22	8,91	0,17	6,68
45	0,22	9,90	0,16	7,20
50	0,21	10,50	0,16	7,90
60	0,20	12,10	0,15	9,05
80	0,19	15,00	0,14	11,20

Richtwerte für die Versorgung von Hunden mit umsetzbarer Energie im Erhaltungsstoffwechsel (Quelle: 3)

nicht das übergewichtige Tier mit zu viel bzw. das untergewichtige mit zu wenig Energie zu versorgen.

Mit Erhaltungsstoffwechsel ist die Menge Energie gemeint, die der Körper des Hundes benötigt, um weder Fett auf- noch Körpermasse abzubauen, wenn die normalen Körperfunktionen, die Wärmeabgabe sowie die durchschnittlicher Aktivität entsprechenden Bewegungen berücksichtigt werden. Anhand der Definition kann man sich vorstellen, das die in der Tabelle angegebenen Zahlen tatsächlich nur Richtwerte sein können. Je nach Rasse, Haarlänge und Temperament variieren die Werte und können beim individuellen Tier höher oder niedriger liegen. Kurzhaarige und temperamentvolle Hunde brauchen in der Regel etwas mehr, langhaarige oder phlegmatische etwas weniger Energie. Bei Doggen und Terriern kann man rassebedingt davon ausgehen, dass ihr Energieumsatz über dem Durchschnitt liegt *(teilweise sogar bis 20%)*, während Neufundländer darunter bleiben. Auch die Außentemperaturen beeinflussen den Energiebedarf, was aber nur tatsächlich im Freien gehaltene Hunde betrifft. Die hier angegebenen Werte dienen somit einer ersten Orientierung. Nach Beginn der Rohfütterung empfiehlt es sich, den Hund einmal wöchentlich zu wiegen und die Gewichtsentwicklung zu dokumentieren. Bei Gewichtszunahme oder –verlust muss die Ration entsprechend angepasst werden. Auch die äußerliche Beurteilung des Ernährungszustandes spielt eine große Rolle: Die Linie vom Brustkorb zur Taille soll ansteigend sein, die Taille selbst gut sichtbar und die Rippen sollen unter einer minimalen Unterhautfettschicht gut zu fühlen sein.

Die zweite zu berücksichtigende Komponente ist die Eiweißversorgung des Hundes. Die folgende Tabelle kennen wir aus dem Kapitel „Proteine". Sie ist zur besseren Übersicht auf dieser Seite noch einmal abgebildet.

Die Proteinberechnung hat beim BARFen allerdings eine untergeordnete Bedeutung, denn bei den meisten Fleischsorten ergibt sich bei Deckung des Energiebedarfs allein über das Fleisch eine deutliche Eiweißüberversorgung. Wie die folgende Tabelle deutlich macht, liefern manche Fleischarten das Drei- bis Vierfache des benötigten

Körpermasse [kg]	Fütterungsempfehlung für verdauliches Rohprotein [g]	
	pro Kilogramm Körpermasse	pro Tier
5	3,3	17
10	2,8	28
15	2,5	38
20	2,4	47
25	2,2	56
30	2,1	64
35	2,1	72
60	1,8	108

Täglicher Bedarf an Rohprotein beim gesunden Hund; bei Organerkrankungen können andere Werte gelten. Bei langhaarigen Tieren im Fellwechsel sollten 20% mehr gegeben werden. (Quelle: Meyer/Zentek, „Ernährung es Hundes")

Proteins im Vergleich zur nötigen umsetzbaren Energie – ideal wäre ein Verhältnis von 10 bis 15 : 1. *(Die nicht linearen Werte von Rohprotein im Vergleich zum Eiweiß-Energie-Verhältnis ergeben sich aufgrund der unterschiedlichen Trockensubstanz, auf die sich die Rohproteinangaben beziehen.)* Hier empfiehlt es sich, einen Teil des Energiebedarfs über Fett oder Pflanzenöle zu decken. Es soll jedoch an dieser Stelle noch einmal betont werden, dass es keine Anhaltspunkte dafür gibt, dass ein höherer als der allgemein empfohlene Eiweißgehalt des Futters gesundheitliche Schäden, z.B. an der Niere, anrichtet (siehe auch „Nahrungsbestandteile und ihre Bedeutung", 3.1. Proteine). Die unter 5.2. angegebenen Fütterungsvorschläge ohne Getreideanteil haben dementsprechend einen höheren Eiweißanteil als in der Tabelle angegeben. Wer, nicht zuletzt aus Kostengründen, einen niedrigeren Fleisch- und/oder Eiweißanteil anstrebt, als er mit reiner Rohfütterung zu erzielen ist, muss der Ration in der Regel gekochte Kohlenhydrate hinzufügen.

Um den Hund mit der richtigen Menge an Energie zu versorgen, muss alles, was er den Tag über bekommt, mit in die Berechnung einbezogen werden, auch eventuelle Leckereien. Eine Übersicht über den Energiegehalt verschiedener Futtermittel gibt die Tabelle auf der nächsten Seite. Sie macht deutlich, dass Gemüse- oder Obstbeigaben relativ wenig zur Energieversorgung beitragen, Nüsse jedoch beispielsweise eine Menge. Gerade bei Hunden, die zum Dickwerden neigen, sollte man sich klar machen, was und wie viel man füttern kann.

Fleischsorte	Energiegehalt [MJ]	Gehalt an Rohprotein [g]	Verhältnis Rohprotein : Umsetzbare Energie [g/MJ]
Schaf, Brust	1,7	12	6
Schaf, Schulter	1,12	18	12
Rind, Kopffleisch	1,44	17	13
Schaf, Keule	0,54	18	17
Kaninchen	0,7	20,8	27
Leber, Rind	0,59	20	35
Herz, Rind	0,55	16	28
Rind, mager	0,75	23	37
Huhn, Brust	0,45	23	46
Pansen, grün	0,58	20	33
Hühnerhälse	0,975	13	*n. bek.*

Energiegehalt, Rohproteingehalt und Energie-Eiweiß-Verhältnis verschiedener Fleischsorten je 100 g

Lebensmittel	Umsetzbare Energie pro 100g [MJ]
Äpfel	0,15
Spinat	0,1
Möhren	0,1
Haselnüsse	2,6
Walnüsse	2,68
Erdnüsse	2,385
Knochen, Kalb	0,87
Fisch, Rotbarsch	0,44
Fisch, Makrele	0,79
Ochsenziemer	1,55
Eigelb	1,49
Quark (mager)	0,37
Leinsamenöl	3,77
Sonnenblumenöl	3,85
Lebertran	3,81

Energiegehalt einiger ausgewählter Lebensmittel pro 100 g

Nun muss anhand des Energiebedarfs des Hundes und dem Energiegehalt der Futterkomponenten die Menge berechnet werden, mit der das Tier adäquat versorgt ist.

Die Futtermenge, die bei der Rohfütterung aufgenommen wird, ist mit etwa 2 bis 3% des Körpergewichts anzusetzen.

Nehmen wir an, dass ein Hund mit einem Gewicht von zehn Kilogramm roh gefüttert werden soll und dass der Besitzer Kopffleisch vom Rind zur Fütterung vorgesehen hat. Der Energiebedarf des Tieres ist mit 3,15 MJ anzusetzen, was mit 190 Gramm Kopffleisch (entspricht knapp 2% von 10 kg Körpergewicht) nicht ganz erreicht wird - sie liefern 2,736 MJ. Ohnehin fehlen aber noch einige wichtige Nährstoffe. Ungesättigte Fettsäuren müssen hinzugefügt werden, deren Zufuhr anhand der Gabe von 0,3 g Öl pro Kilogramm und Tag gesichert wird. Der Besitzer serviert dem Hund also noch insgesamt 100 Gramm geriebene Möhren und Äpfel sowie 10 g ungeschälte Erdnüsse unter Zugabe von drei Gramm Sonnenblumenöl. Diese Portion versorgt das Tier mit weiteren 0,455 MJ Energie und außerdem mit der für die Verdauung notwendigen Rohfaser von einem bis zwei Gramm pro Kilogramm Körpergewicht pro Tag.

Rohfaseranteil einiger Gemüse- und Obstsorten je 100 g Lebensmittel:	
Salat	1 - 1,6 g
Zucchini	1,1 g
Tomaten	1,3 g
Möhren	3,0 g
Banane	2,0 g
Apfel	2,3 g
Heidelbeeren	4,9 g
Walnüsse	4,6 g
Erdnüsse	7,1 g
Haselnüsse	7,4 g

Einfacher ist eine Ergänzung des Rohfaseranteils mittels Getreide zu erreichen. Wie bereits erwähnt, muss in diesem aber die Stärke durch Wärmebehandlung aufgeschlossen werden, um Durchfälle zu vermeiden. Wer nicht auf strenge Rohfütterung besteht, dem stehen auf diese Weise weitere Futtermittel zur Verfügung, deren Rohfaser- sowie Enerhiegehalt in der Tabelle dargestellt ist.

Alternativ kann dem geriebenen oder pürierten Obst oder Gemüse Weizenkleie zugemischt werden, um den Rohfasergehalt zu erhöhen. Auf diese Weise könnte der Besitzer unseres Beispielhundes den recht hohen Anteil an pflanzlichen Bestandteilen senken. Im allgemeinen setzt man das Verhältnis tierische Lebensmittel : pflanzliche Lebensmittel beim BARFen mit zwischen 70 : 30 und 80 : 20 an. Dies muss aber nicht täglich so erfüllt werden; auch ist ein höherer Obst-/Gemüseanteil wie im oberen Beispiel weder kurz- noch längerfristig ein Problem, solange die Energiezufuhr stimmt.

Die Tabelle zeigt, dass auch die Energiezufuhr über Getreide nicht unerheblich ist. Man kann auf diese Weise einen Teil der Energie ersetzen, die man sonst über das Fleisch zuführen würde, und so den Proteinanteil der Ration senken. Will man getreidehaltige „Beilagen" füttern, dann setzt man dafür einen Anteil von etwa 10% an. Auch hier gilt: Das ist nur ein Richtwert, höhere Mengen schaden nicht, sind aber nicht im eigentlichen Sinne des BARFens.

	Rohfaseranteil je 100 g	Energiegehalt in MJ/100 g
Weizenkleie	49,0 g	0,723
Hafer, zerkleinert und durch Wärme aufgeschlossen	10,0 g	1,584
Haferflocken	3,0 g	1,584
Maisflocken	2,3 g	1,385
Hirse	5,0 g	1,48
Reis, ungeschält (roh gewogen)	8,7 g	1,462
Reis, geschält (roh gewogen)	0,7 g	1,459
Nudeln	0,0 g	1,495
Vollkornnudeln	12,0 g	1,366
Amaranth	14,3 g	1,6

Der Beispielhund hat also bisher folgenden Futterplan:

- 190 g Kopffleisch
- 100 g Obst-/Gemüse, alternativ: 80 g Obst/Gemüse plus 1 EL Weizenkleie
- 10 g Erdnüsse
- 3 g Sonnenblumenöl

alternativ bei der Verwendung von Getreide:

- 170 g Kopffleisch
- 20 g ungeschälter Reis
- 100 g Obst/Gemüse/Erdnüsse
- 3 g Sonnenblumenöl

Als besonders wichtiger Punkt ist nun noch an die Vitamin- und Mineralstoffzufuhr zu denken. Weil die Energieversorgung mit den bereits auf dem Speiseplan stehenden Futtermitteln ausreichend ist, kann der Besitzer das Futter einfach anhand eines vitaminisierten Mineralfutters ergänzen. Will er Vitamine und Mineralstoffe anhand von Einzelfuttermitteln zuführen, dann benötigt benötigt der Hund zunächst einmal noch jede Menge Kalzium, und dafür Knochen oder - als kalorienfreie Möglichkeit der Kalziumfütterung - zu Pulver verarbeitete Eierschale.

Kompakte Kalbsknochen enthalten 13.800 mg Kalzium und liefern 0,87 MJ Energie je 100 g. Um den Bedarf des Hundes von 800 mg Kalzium täglich zu decken, sind 6 Gramm Knochen nötig, denn die bisher verwendeten Lebensmittel tragen nur minimal zur Kalziumversorgung bei. Das entspricht der Empfehlung, dass der Knochenanteil nicht mehr als 3 bis 5% der Ration ausmachen sollte. Bereits mit der doppelten Menge ist aber schon die kritische Höchstgrenze der Kalziumzufuhr erreicht, wie die untenstehende Tabelle zeigt. Jedoch kann die Gesamtmenge an Knochen gesammelt alle zwei bis drei Tage gegeben werden.

Zur weiteren Vitamin-A-Ergänzung eignet sich Leber oder Lebertran. Bereits im Kapitel 4.1.2. wurde für Leber eine Menge von 1g/kg Körpergewicht empfohlen. Das bedeutet, dass für unseren Beispielplan 10 g dieser Innerei mit auf den Speiseplan kommen, und im Ausgleich für das Mehr an Energie 5 g Fleisch wegfallen.

Wirklich schwierig ist es, die Bedarfswerte des Hundes an Jod, Zink und Vitamin D über die Nahrungsmittel abzudecken. Die ganze jetzt zusammengestellte Ration enthält folgende Mengen an diesen Nährstoffen:

	Jodgehalt	Zinkgehalt/	Vitamin-D-Gehalt
185 g Kopffleisch	5,55 µg	5,55 mg	-
+ 10 g Rinderleber	0,6 µg	0,4 mg	3,4 IE
+ 100 g Obst/Gemüse	3 µg	0,25 mg	-
+ 10 g Erdnüsse	1,3 µg	0,33 mg	-
+ 3 g Sonnenblumenöl	-	-	-
+ 6 g Kalbsknochen	-	0,45 mg	-
= Gesamt	10,45 µg	6,98 mg	3,4 IE
Bedarf des Hundes	150 µg	10 mg	100 IE

Die Bedarfswerte finden sich in der entsprechenden Tabelle in Kapitel 3 und sind hier noch einmal der Übersicht halber im Zusammenhang mit den Höchstgrenzen, die verabreicht werden sollten, aufgeführt. Innerhalb dieser Grenzen sind Überschreitungen des Normalbedarfs unproblematisch.

Element	Erhaltungsbedarf (pro kg Körpergewicht)	Bedarf der Hündin im späteren Verlauf der Trächtigkeit (mg/kg KGW)	Bedarf der säugenden Hündin, je nach Anzahl der Welpen (pro kg KGW)	Kritische Höchstgrenze der täglichen Zufuhr (pro kg KGW)
Kalzium	80 mg	165 mg	250-495 mg	Junghunde: 120 mg Erw. Hunde: 160 mg (Achtung: Verhältnis Ca : P)
Phosphor	60 mg	120 mg	175-335 mg	Junghunde: 90 mg Erw. Hunde: 120 mg (Achtung: Verhältnis Ca : P)
Magnesium	12 mg	15 mg	18-30 mg	k.A.
Natrium	50 mg	60 mg	75-115 mg	400 mg
Kalium	55 mg	65 mg	75-115 mg	2000 mg
Chlorid	75 mg	90 mg	110-210 mg	600 mg
Eisen	1,4 mg	6,8 mg	2,4 mg	k.A.
Kupfer	0,1 mg	0,16 mg	0,67 mg	> 9 mg/100g Futter
Zink	1,0 mg	2,4 mg	5,4 mg	k.A.
Jod	15 µg (erhöht sich bei körperlicher Aktivität)	50 µg	50 µg	Innerhalb enger Grenzen
Selen	5 µg	5 µg	5 µg	Innerhalb enger Grenzen

Bedarfswerte und kritische Höchstwerte bei der Versorgung mit Mengen- und Spurenelementen

Lebensmittel	Jodgehalt /100 g [µg]	Zinkgehalt /100 g [mg]	Kupfergehalt /100g [mg]	Vitamin A /100g [IE]	Vitamin D /100g [IE]
Kabeljau	100	0,5	0,05	30	100
Schellfisch	150	0,3	0,2	14	40
Eierschalen	0,6	0,4	16,0	-	-
Eigelb, roh	10	4,6	0,3	2937	223
Kalbsleber	8	8,0	5,0	73000	60
Rinderleber	6	4,0	3,0	51000	34
Hühnerleber	2	3,0	2,0	42667	35
Kopffleisch, Rind	3	3,0	0,2	50	-
Fettarmes Rindfleisch	3	4,2	0,07	18	-
Hühnerfleisch	3	1,6	0,14	25	-
Erdnüsse	40	4,3	1,6	130	-
Leinsamen	40	7,3	1,6	-	-

Gehalt verschiedener Einzelfuttermittel an den Spurenelementen Jod, Zink und Kupfer sowie Vitaminen

Die folgende Tabelle zeigt den täglichen Bedarf an den Vitaminen A, D und E sowie die Werte, die auf keinen Fall überschritten werden sollten. Eine Überprüfung der Ration auf wasserlösliche Vitamine *(B-Vitamine, Folsäure, Biotin, Pantothensäure)* ist nicht notwendig, weil Mangelerscheinungen bei normaler Fütterung praktisch nicht auftreten.

Vitamine	Bedarf pro kg KGW/Tag	Kritische Höchstgrenze pro kg KGW /Tag
A	75-100 IE	30000 IE
D	10 IE	10000 IE
E	1 mg	Unbekannt, auf jeden Fall > 11 mg

Bedarfswerte und kritische Höchstwerte bei der Versorgung mit Vitaminen

Anhand der Tabellen wird deutlich, dass eine ausreichende Jodversorgung eigentlich nur durch regelmäßige Fütterung mit Seefisch annähernd erreicht werden kann, und dass die Unterversorgung ansonsten wirklich dramatisch sein kann. In der Tat hat eine Studie gezeigt, dass 86% aller vom Besitzer zusammengestellten BARF-Rationen nicht ausreichend Jod enthalten *(Quelle: 11)*. Dabei zeigen sich Veränderungen im Jodstoffwechsel bereits bei einer Unterschreitung der Richtwerte um 30% (Quelle: 14).

Dagegen kann man den Bedarf an Vitamin D bei unserem Beispielhund leicht durch 1 g Lebertran pro Tag decken - und das, ohne nennenswerte Mengen an Vitamin A zuzuführen, so dass dessen Überdosierung nicht zu befürchten ist.

Der Besitzer steht nun vor der Schwierigkeit, ein Ergänzungsfuttermittel zu finden, das am besten nur Jod und Zink, keinesfalls aber Kalzium oder Vitamin A, weil bereits ausreichend in der Ration vorhanden und anderenfalls möglicherweise überdosiert, ergänzt. Oft lehnen BARF-Interessierte Ergänzungsfuttermittel ab, weil sie „zu unnatürlich" seien. Diese

Berechnung zeigt jedoch, dass man bisweilen nicht darauf verzichten kann, wenn man den Hund bedarfsgerecht ernähren will.

Zuletzt wollen wir uns einem wichtigen Faktor zuwenden, der Studien (Quellen: 11+12) zufolge in 30% aller BARF-Rationen nicht adäquat erfüllt wird: Dem Kalzium-Phosphor-Verhältnis (siehe auch Kapitel 3.5.1.). Idealerweise liegt es bei 1,3:1, nicht unter 1:1 und nicht über 2:1.

Die genaue Ergänzung der Ration ist nicht ganz einfach. Wer sich die Berechnung selbst nicht zutraut, kann sich einen individuellen Ernährungsplan beim Tierarzt, wenn dieser über ein Computerprogramm zur Rationsberechnung verfügt, bei speziellen Ernährungsberatern für Hunde und hier am besten Fachtierärzten für Tierernährung und Diätetik oder beim Institut für Tierernährung der Universität München zusammenstellen lassen.

Wir berechnen die Kalzium- und Phosphorgehalte unserer in der Ration enthaltenen Futtermittel:

185 g Kopffleisch	18,5 mg Ca	296 mg P
10 g Leber	0,7 mg Ca	36 mg P
100 g Obst/Gemüse	30 mg Ca	20 mg P
10 g Erdnüsse	5 mg Ca	34 mg P
6 g Knochen	882 mg Ca	372 mg P
Gesamt	936,2 mg Ca	758 mg P

936,2 : 758 entspricht einem Verhältnis von 1,23 : 1 und damit den Richtwerten.

Noch einmal zusammengefasst die Schritte, die für eine RATIONSBERECHNUNG notwendig sind:

1. Auflistung der Einzelfuttermittel und ihrer Nährstoffe
2. Berechnung der Futtermengen, die zur Deckung des Energie- und Eiweißbedarfs erforderlich sind
3. Ergänzung von essentiellen Fettsäuren
4. Ergänzung des Rohfaseranteils von 1 bis 2 Gramm/kg KGW
5. Berechnung der in der Ration enthaltenen Kalzium-, Phosphor-, Kupfer-, Zink-, Jod-, Vitamin A-, Vitamin D- und Vitamin E-Gehalte und deren Ergänzung
   a. gesamt über Mineral-/Vitaminfutter
   b. anhand entsprechender Futtermittel (Leber – Vitamin A, Knochen, Eierschale – Kalzium...)
   c. Kombination aus beidem

HILFREICHE ADRESSEN UND WEB-LINKS:

Ludwig-Maximilians-Universität München
Veterinärwissenschaftliches Department
Lehrstuhl für Tierernährung und Diätetik
Schönleutnerstr. 8
85764 Oberschleißheim Tel. 089 / 2180 – 78700
http://www.ernaehrung.vetmed.uni-muenchen.de/service/ernaehrungsberatung/eb_hunde/index.html

www.futtermedicus.de
www.napfcheck.de
www.tierarzt-ernaehrung.de

Bezugsquellen für vitaminisierte Mineralfutter:
www.lillysbar.de
www.tierbistro.de

5.2. Vorschläge für den Futterplan

Die Rationen können in größerer Menge vorbereitet und dann portionsweise eingefroren werden. Bei kleinen Mengen von Fisch, Hühnerhälsen, Knochen oder Innereien gilt grundsätzlich, dass auch entsprechend große Mengen gebündelt ein- oder mehrmals pro Woche gegeben werden können.

Für einen idealgewichtigen Hund von 5 Kilogramm Körpergewicht täglich:

- *80 g fettarmes Rindfleisch*
- *50 g Rinderherz*
- *20 g Makrele*
- *50 g Gemüse-/Obstmischung (Zucchini, Möhren, Salat, Fenchel, Äpfel, Beeren)*
- *10 g Maiskeimöl*
- *1g Dorschlebertran*
- *35 g Erdnüsse*
- *1 g getrocknete Eierschale*

Für einen idealgewichtigen Hund von 10 Kilogramm Körpergewicht täglich:

- *15 g Schellfisch (als zwei Portionen zu je ca. 50 g pro Woche)*

info

Rezept für getrocknete Eierschale:

Die Schalen von rohen Eiern im Backofen bei 100°C trocknen lassen und im Mixer oder in der Kaffeemühle fein zermahlen. Ein Gramm Eierschalenpulver enthält 400 mg Kalzium.

- *200 g gemischtes Schaf-/ Lammfleisch*
- *25 g Hühnerhälse (als zwei Portionen zu je ca. 90 g pro Woche)*
- *80 g Möhren-Apfel-Mix mit*
- *10 g Sonnenblumenöl*
- *1 Eigelb von einem mittelgroßen Ei*
- *½ Teelöffel gemahlene Eierschale*
- *5 g Kalbsleber*
- *3 g easy BarF vitaminisiertes Mineralfutter*

Die Versorgung mit Zink und Jod sowie mit den Vitaminen D und E ist in der Ration ohne das vitaminisierte Mineralfutter nicht ausreichend.

Für einen idealgewichtigen Hund von 20 Kilogramm Körpergewicht täglich:

- *350 g Rindfleisch*
- *50 g grüner Pansen*
- *20 g Rinderleber*
- *100 g püriertes Gemüse (Spinat, Kohlrabi, Fenchel, Zucchini)*
- *15 g Kalbsknochen (Gesamtmenge über die Woche verteilt)*
- *15 g Rapsöl*
- *5 g easy BarF vitaminisiertes Mineralfutter*

Ohne das vitaminisierte Mineralfutter erzeugt die Ration einen leichten Zink-, einen erheblichen Jod- sowie deutlichen Vitamin D- und -E-Mangel.

Für einen idealgewichtigen Hund von 25 Kilogramm Körpergewicht täglich:

- *380 g gemischtes Fleisch ohne Knochen (Rind, Geflügel)*
- *40 g Hühnerhälse*
- *50 g Rinderschlund*
- *15 g Rindertalg*
- *100 g Sahnequark*
- *125 g püriertes Obst und Gemüse*
- *20 g Maiskeimöl*
- *50 g Walnüsse*
- *8 g easy BarF vitaminisiertes Mineralfutter*

Ohne das Mineralfutter wird das Tier im Hinblick auf sämtliche Mengen- und Spurenelemente sowie die Vitamin A, D und E unterversorgt.

Für einen idealgewichtigen Hund von 35 Kilogramm Körpergewicht täglich:

- *500 g Kopffleisch*
- *20 g Rinderleber*
- *150 g Obst-Gemüse-Mischung (Feldsalat, Salatgurke, Fenchel, Apfel)*
- *15 g Rapsöl*
- *10 g easy BarF vitaminisiertes Mineralfutter*
- *plus 140 g Kalbsknochen in der Woche*

Das vitaminisierte Mineralfutter ist nötig, weil es anhand der „natürlich belassenen" Ration zu einer Unterschreitung der Bedarfswerte für Zink und Kupfer jeweils um die Hälfte und zu einer massiven Unterversorgung mit Jod und Vitamin D kommen würde.

ALTERNATIVE MIT GEKOCHTEN KOHLENHYDRATEN

Für einen idealgewichtigen Hund von 25 Kilogramm Körpergewicht täglich:

- *350 g Kopffleisch*
- *20 g Kalbsleber*
- *20 g Kalbsknochen*
- *50 g ungeschälter Reis (Trockengewicht)*
- *100 g Obst-/Gemüse-Mix, püriert mit*
- *10 g Leinöl*
- *30 g Erdnüsse*
- *8 g easy BarF vitaminisiertes Mineralfutter*

Ohne das vitaminisierte Mineralfutter kommt es zu einer suboptimalen Kupfer- sowie einer unzureichenden Zink-, Jod- und Vitamin A-, -D- und –E-Versorgung.

5.3. Die Umgewöhnungszeit

Eine Futterumstellung ist beim Hund immer damit verbunden, dass sich die Darmflora ändert. Weil die Mikroorganismen im Dickdarm einen nicht ganz unerheblichen Anteil an der Verdauung haben, verschiebt sich der Anteil bestimmter Bakterienarten je nach Zusammensetzung des Futters. Trifft dann abrupt ein anderes Futter auf eine dafür nicht ausgelegte Darmflora, dann kann es zu Durchfall kommen, z.B. durch eine vermehrte Bildung von kurzkettigen Fettsäuren im Dickdarm, die Wasser ins Darminnere ziehen. Man sollte daher eine Umstellung immer über drei bis vier Tage durchführen, indem man nach und nach die alte Fütterung durch ansteigende Anteile der neuen ersetzt. Leichte Durchfälle können in dieser Umstellungszeit als normal akzeptiert werden. Ist der Hund misstrauisch bezüglich der neuen Futterbeschaffenheit, dann kann auch versucht werden, das Fleisch mit kochendem Wasser zu überbrühen, so das es äußerlich gegart, innen aber noch roh ist. Ein bisschen Geduld ist manchmal von Nöten, ehe der Hund die neue Ernährungsweise akzeptiert. Bleibt er aber auch über die Zeitdauer von zwei oder drei Wochen hinweg zögerlich, darf man ruhig akzeptieren, dass der eigene Hund kein Freund der Rohfütterung ist und sollte ihn nicht „zwangsbeglücken".

Aufgrund der sich für verschiedene Ansprüche entwickelnden Darmflora ist es auch nicht ratsam, BARF und Fertigfutter immer wieder miteinander abzuwechseln. Wenn es

praktisch gar nicht anders machbar ist, dann sollte jeden Tag einheitlich z.B. morgens Trockenfutter und abends roh gefüttert, nicht aber von einem Tag auf den anderen gewechselt werden. Besonders schwierig erscheint eine Kombination von BARF mit Dosenfutter; eventuell ist die Darmflora eines roh gefütterten Hundes zu schlecht auf die Geliermittel eingestellt.

Nachdem der Hund komplett auf die Rohfütterung umgestellt worden ist, soll der Kot sich normalisiert haben und dient als einer der Parameter dafür, wie gut das Tier mit der neuen Art der Fütterung zurechtkommt. Ein gesunder, ideal ernährter Hund setzt ein- bis zweimal täglich festen Kot ab. Außerdem bleibt bei entsprechender Energiezufuhr das Gewicht konstant, der Hund wirkt lebhaft und gesund und hat ein glänzendes Fell ohne schuppige Haut. Sind diese Bedingungen erfüllt und der Besitzer hat ein Auge darauf, dass der Nährstoffbedarf des Tieres gedeckt ist, dann ist davon auszugehen, dass sich das BARFen als Fütterungsmethode für den individuellen Hund gut eignet.

Junghunde sollten die Ration auf zweimal, solche sehr großer Rassen am besten sogar auf dreimal täglich verteilt bekommen. Erwachsene Hunde können grundsätzlich von ihrer Magenkapazität her einmal täglich gefüttert werden. Allerdings haben neuere Untersuchungen gezeigt, dass es für den Erhalt des Idealgewichts am besten ist, die Futterration auf zweimal täglich zu verteilen. Wann welche Bestandteile gegeben werden oder ob die ganze Ration aufgeteilt wird, ist dabei wahrscheinlich nicht von Bedeutung. Fastentage kommen zwar beim Wolf infolge von mangelndem Jagdglück vor, wobei auch er dann vermutlich auf Beeren ausweicht. In der Hundefütterung haben sich jedoch keinerlei positive Effekte durch tageweisen Nahrungsentzug gezeigt. Eine vermeintliche Entgiftung findet dadurch nicht statt.

6 RISIKEN DER ROHFÜTTERUNG

Sicher ist jeder, der sich mit Rohfütterung beschäftigt, auch schon mit kritischen Stimmen konfrontiert worden. Manche Einwände sind durchaus berechtigt. Das heißt aber nicht, dass man auf das BARFen verzichten muss, sondern vielmehr, dass man sich der Gefahrenquellen bewusst sein sollte, um Fehler und Probleme so gut wie möglich zu vermeiden. Aus tierärztlicher Sicht sind das vor allem die folgenden:

- *Hygienische Probleme im Form von Krankheitserregern im rohen Fleisch*
- *Gesundheitliche Schäden durch Knochenfütterung*
- *Mangel- oder Überversorgung aufgrund nicht balancierter Rationen*

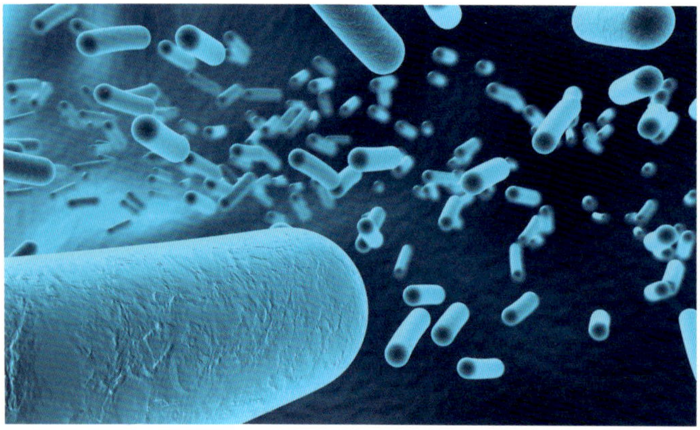

6.1. Krankheitserreger

6.1.1. Bakterien

Folgende Bakterien können über rohes Fleisch übertragen werden:

- *Salmonellen*
- *Escherichia coli*
- *Campylobacter*
- *Shigellen*
- *Yersinien*
- *Clostridium botulinum*
- *Listerien und Staphylococcus aureus*

Gerne hört man in BARF-Kreisen das Argument, dass Hunde “mit einem gesunden Immunsystem” – und das setzen die Verfechter dieser Argumente anhand der „natürlichen“ Ernährungsweise voraus – mit allen Arten von Krankheitserregern leicht fertig würden. Eine an der Universität Guelph in Kanada durchgeführte Studie gibt ihnen scheinbar recht: In 80% des Rohfleisches, mit denen die Hunde aus der Studie ernährt wurden, konnten Salmonellen nachgewiesen werden. Während keines der Tiere erkrankte, schieden jedoch 30% die Krankheitserreger mit dem Kot aus. Auch im deutschsprachigen Raum waren bei 30% aller im Handel befindlichen tiefgefrorenen Schlachtabfälle Salmonellen nachzuweisen. Diese Feststellung führt uns zu der Tatsache, dass Hunde in nicht unentscheidendem Maße zur Infektion mit **Zoonosen**, das heißt von Tier zu Mensch *(oder auch umgekehrt)* übertragbaren Krankheiten, beitragen können. Salmonellen lösen beim Menschen meistens relativ harmlose, mitunter aber auch schwere Durchfälle in Verbindung mit grippeähnlichen Symptomen aus. Hunde dagegen zeigen von Natur aus – unabhängig von artgerechter Ernährung - eine hohe Resistenz gegen den Erreger und erkranken nur selten merklich oder gar schwer. Beim Menschen hängt die Schwere der Erkrankung zum einen von der Anzahl der aufgenommenen Erreger und zum anderen von der individuellen Empfindlichkeit ab. Alte Menschen, Kleinkinder und durch chronische Krankheiten oder spezielle Medikamente immungeschwächte Menschen sind deutlich gefährdeter. Eine Übertragung von Salmonellen vom Hund auf den Menschen findet ausschließlich fäkal-oral statt. Das bedeutet: Die Erreger müssen vom After des Hundes in den Mund des Menschen gelangen. Was auf den ersten Blick völlig absurd klingt, kann aber leicht dadurch passieren, dass zum Beispiel der Hund seinen Darmausgang beleckt und danach einem Kind durch das Gesicht schleckt. Oder er verteilt nach dem Belecken durch Fellpflege Krankheitserreger auf seinem Haarkleid, die beim Streicheln die Hand des Menschen und danach auch schnell dessen Mund erreichen. Eine Übertragungsgefahr ist demnach nicht von der Hand zu weisen. Leben Kinder, Schwangere, Senioren oder Immungeschwächte im Haushalt, dann sollte man sich dieses Risikos bewusst sein. Zusätzlich sind selbstverständlich die allgemeinen Hygieneregeln bei der Bearbeitung des rohen Fleischs zu beachten.

Escherichia coli, Yersinien, Shigellen und Campylobacter können beim Hund ebenfalls Durchfall auslösen, tun das aber in den meisten Fällen nur dann, wenn der Darm oder die Immunabwehr des Tieres durch andere Krankheiten vorgeschädigt ist. Dennoch sind sie als Durchfallerreger bei einer eventuell auftretenden Magen-Darm-Erkrankung als zu behandelnder Keim im Auge zu behalten. Für den Menschen spielt die Übertragung dieser Keime vom Hund eine sehr untergeordnete Rolle.

Clostridium botulinum ist ein Toxinbildner, das heißt, nicht das Bakterium selbst wirkt krankmachend, sondern von ihm gebildete Giftstoffe. Bei dem daraus resultierenden Botulismus handelt es sich um eine ernste Erkrankung, bei der die Übertragung von Nervenimpulsen auf die Muskeln nicht funktioniert. Das betrifft im fortgeschritte-

info

Alte Menschen, Kleinkinder und durch chronische Krankheiten oder spezielle Medikamente immungeschwächte Menschen sind deutlich gefährdeter.

nen Stadium auch die Hirnnerven und später die Atemmuskulatur, so dass die Krankheit unbehandelt zur Atemlähmung führt. In frisch erworbenem und nach den Regeln der Hygiene konserviertem Fleisch ist mit diesem Erreger jedoch nicht zu rechnen.

Auch Staphylococcus aureus bildet nach Vermehrung durch unsachgemäße Lagerung einen Giftstoff. Durch Einhaltung genauer Hygieneregeln kam man dem aber vorbeugen.

An Listerien erkranken Hunde aufgrund einer hohen natürlichen Resistenz nur in Ausnahmefällen.

Insgesamt sind Hunde gegenüber bakteriellen Erregern aus dem rohen Fleisch also ziemlich unempfindlich. Als eindeutiger kritischer Punkt bleibt hier die Übertragungsgefahr von Salmonellen auf den Menschen.

Milzbranderreger, die dem Hund gefährlich werden könnten, gibt es im deutschsprachigen Raum nicht mehr. Auf aus dem Ausland importiertes Fleisch sollte unter anderem aus diesem Grund verzichtet werden.

info

Insgesamt sind Hunde gegenüber bakteriellen Erregern aus dem rohen Fleisch ziemlich unempfindlich. Als eindeutiger kritischer Punkt bleibt hier die Übertragungsgefahr von Salmonellen auf den Menschen.

6.1.2. Einzeller

Der bekannteste über Lebensmittel übertragene Einzeller dürfte Toxoplasma gondii sein, der Erreger der Toxoplasmose. Er sorgt beim Menschen für keine oder nur sehr schwache grippeähnliche Symptome, kann aber bei Infektion einer schwangeren Frau das ungeborene Kind schwer schädigen. Des weiteren können immungeschwächte Personen ernsthaft an einer Toxoplasmose erkranken. Eine Übertragung vom Hund ist jedoch nicht möglich, so dass hygienische Sorgfalt beim Zubereiten des Futters in der Regel ausreichen sollte. Zur Vermeidung jeglicher Probleme können Schwangere und Immungeschwächte den Umgang mit dem rohen Fleisch einer anderen Person überlassen. Hauptsächlich ist Fleisch von Schafen und Schweinen mit Toxoplasmen behaftet, wobei letzteres in der Rohfütterung ja ohnehin keine Anwendung finden sollte. Hunde erkranken sehr selten an Toxoplasmose und dann vor allem im Zusammenhang mit einer Immunschwäche, z.B. bei Staupe.

Dagegen kann eine Infektion mit dem mit der Toxoplasmose verwandten Neosporum caninum, das vor allem in Rindfleisch, darüber hinaus unter Umständen in Schaf- und Ziegenfleisch gefunden wird, beim Hund neben symptomlosen Infektionen auch Entzündungen des Gehirns und des Rückenmarks hervorrufen. Man vermutet, dass schwere Symptome auch bei der Neosporose nur dann auftreten, wenn eine Immunschwächung vorliegt; genaue Erkenntnisse dazu gibt es aber noch nicht. Besonders schwer betroffen sind Welpen und Junghunde unter einem Jahr. Vermutlich handelt es sich dabei durchweg um Fälle, bei denen Welpen sich bereits im Mutterleib infiziert haben, weil die Hündin Neosporum-Zysten bei der Fütterung zu sich genommen hat. Es empfiehlt sich daher, Zuchthündinnen nicht mit rohem Rind-, Schaf- oder Ziegenfleisch zu ernähren. Durch Tiefgefrieren bei -20°C über mindestens vier Tage können ein großer Teil der Zysten, jedoch nicht mit Gewissheit alle abgetötet werden.

6.1.3. Wurmarten

Von besonderer Bedeutung unter den Parasiten, mit denen sich der Hund anhand von rohem Fleisch infizieren kann, sind die Bandwürmer. Der Entwicklungszyklus dieser Wurmarten beruht darauf, dass sich in der Übertragung immer ein Fleischfresserwirt und ein Pflanzenfresserwirt abwechseln. Im Darm des Fleischfressers heftet sich der erwachsene Bandwurm an die Darmwand an und hinterlässt dabei örtlich begrenzte und damit nicht weiter gesundheitsbeeinträchtigende Schleimhautschädigungen. Eine Immunität entwickelt sich beim Wirt, in dem für uns interessanten Fall dem Hund, zugunsten des Befalls nicht. Lediglich die Eiproduktion der Bandwürmer geht bei wiederholtem Befall zurück. Der Hund scheidet die eihaltigen Bandwurmglieder aus, die im weiteren Zyklus von Pflanzenfressern mit dem Gras aufgenommen werden. In diesem wandern die Larvenstadien des Bandwurms in die Muskulatur, kapseln sich dort zu so genannten Finnen ab und werden als solche vom Fleischfresser wieder verspeist.

Von Bedeutung bei der Rohfütterung von Fleisch sind vor allem die zwei Bandwurmarten Taenia hydatigena und der als Fuchsbandwurm bekannte Echinoccus granulosus. Taenia wird im Fleisch von Rindern, Schafen, Ziegen und Wildwiederkäuern *(Reh, Hirsch)* gefunden, Echinococcus in allen diesen und zusätzlich in Pferde-, Schweine- und Kamelfleisch. Während Taenia lediglich für einen meist symptomlosen Bandwurmbefall des Hundes sorgt, stellt Echinococcus eine ernste Gefahr für den Besitzer dar. Einzig der über Pferde übertragene Stamm ist nicht krankmachend für den Menschen. Bekommt ein Mensch über Kontakt mit dem Hund Echinococcus-Eier in den Mund, dann kann sich das Larvenstadium des Bandwurms in Organe, meist die Leber, begeben. Dort entwickeln sich als Reaktion des Körpers Bläschen, die im Verlauf der nächsten Jahre und Jahrzehnte das ganze Organ durchsetzen. Die Krankheit ist, wenn sie entdeckt wird, nicht mehr heilbar. Bis vor nicht allzu langer Zeit wurde vor allem vor dem Verzehr von

info

Es empfiehlt sich, den mit rohem Fleisch gefütterten Hund zum eigenen Schutz regelmäßig mit einem geeigneten Mittel (Wirkstoff: Praziquantel) zu entwurmen. Dabei sind Abstände von sechs Wochen erforderlich, um eine Eiausscheidung sicher zu verhindern.

Waldbeeren als Infektionsquelle mit dem Fuchsbandwurm gewarnt. Heute weiß man, dass ein deutlich größeres Risiko von der Übertragung durch den Hund ausgeht. Die Hauptinfektionsquelle für diesen ist das Rind. Allerdings sinkt die Befallshäufigkeit mit Finnen. 1995 waren noch bei 0,005% aller geschlachteten Rinder Finnen entdeckt worden, 2002 nur noch bei 0,0023% *(Quelle: 4)*. Das sind sicher sehr niedrige Zahlen, ein Restrisiko bleibt aber, weil nicht alle Finnen sicher bei der Fleischbeschau entdeckt werden können. Einfrieren bei –20°C führt gegenüber früheren Annahmen nicht zum Absterben der Bandwurmeier *(Quelle: 5)*.

Es empfiehlt sich daher, den mit rohem Fleisch gefütterten Hund zum eigenen Schutz regelmäßig mit einem geeigneten Mittel *(Wirkstoff: Praziquantel)* zu entwurmen. Dabei sind Abstände von sechs Wochen erforderlich, um eine Eiausscheidung sicher zu verhindern.

Durch die Fütterung von rohem Süßwasserfisch und Rohlachs kann der Fischbandwurm Diphyllobotrium latum übertragen werden. Dem Hund ist ein Befall in aller Regel nicht anzumerken. Mit der gegen den Fuchsbandwurm ohnehin empfehlenswerten regelmäßigen Entwurmung wird der Fischbandwurm nicht sicher mit erfasst, weil zu seiner Bekämpfung zwar dasselbe Medikament, jedoch in höherer Dosierung eingesetzt wird. Zur Vermeidung einer Infektion wird daher empfohlen, Fisch vor der Rohfütterung mindestens 24 Stunden lang bei – 18°C einzufrieren. Dadurch wird der Fischbandwurm garantiert abgetötet. Eine längere Gefrierzeit ist im Hinblick auf die Abtötung einer als Leberegel bezeichneten Plattwurmart sinnvoll, die ebenfalls durch rohen Fisch übertragen wird. Ihre Larvenstadien entwickeln sich in Wasserschnecken, dringen dann über die Haut in den Körper von *(Süßwasser-)*Fischen ein, verkapseln sich in der Muskulatur und werden vom Endwirt *(in diesem Fall dem Hund, unter natürlichen Bedingungen sind auch Nerze, Iltisse, Bisamratten und Fischotter betroffen)* gefressen. Im Gegensatz zu Bandwürmern löst der Leberegel beim Hund ernsthafte Krankheitserscheinungen aus. Er wandert nämlich in die Gallengänge der Leber, so dass sich diese teils erweitern, teils die Wände knotig verdicken. Appetitlosigkeit, Erbrechen, Gelbsucht und Bauchwassersucht können die Folgen sein, eventuell auch eine Entartung der Veränderungen zum Leberkrebs. Da es dieses Krankheitsbild unbedingt zu vermeiden gilt, sollten zur Abtötung der Leberegel roh verfütterte Fische bei unter -10°C fünf Tage lang eingefroren werden.

info

Durch die Fütterung von rohem Süßwasserfisch und Rohlachs kann der Fischbandwurm Diphyllobotrium latum übertragen werden.

6.1.4. Viren

Auf die von Schweinefleisch ausgehende Gefahr durch das Aujeszky-Virus wurde bereits im Kapitel 4 eingegangen. Zusammengefasst wird trotz offizieller Aujeszky-Freiheit in Deutschland von der Verfütterung rohen Schweinefleischs nach wie vor abgeraten. Andere Fleischsorten können das Aujeszky-Virus nicht beherbergen.

6.2. Knochenfütterung

Auch, wenn sie mehr als natürlich erscheint: Die Verfütterung von Knochen bringt gewisse Verletzungsgefahren mit sich. Bereits im Kapitel 4 wurde darauf hingewiesen, dass stark splitternde Knochen von älterem Geflügel und Röhrenknochen nicht gefüttert werden sollen. Die Knochensplitter können leicht zu Verletzungen an der Magen- oder Darmschleimhaut führen. Außerdem können sich Knochensplitter im Maul verkeilen, die man unter Umständen nicht selbst wieder lösen kann. Zwar wird gerne behauptet, rohe Knochen würden nicht splittern, sondern nur gekochte. Das trifft aber zumindest für diese Arten an Knochen nicht zu.

Hühnerhälse von jungem Geflügel und Rippen vom Lamm sind weniger stark mineralisiert und haben einen höheren Fleischanteil, so dass sie hervorragend für die Knochenfütterung geeignet sind. Auch Hühnerhälse von älterem Geflügel sowie Flügel und Schenkel können zwar verfüttert werden, ein Splittern ist aber nicht auszuschließen. Besonders bei stark schlingenden Tieren ist es sinnvoll, diese Art Knochen zu meiden oder mit dem Fleischwolf zu zerkleinern.

Als Rinderschlund werden Luft- und Speiseröhre mit dem daran hängenden Fett-, Binde- und Muskelgewebe bezeichnet. Er hat einen hohen Knorpelanteil und bietet für den Hund eine ausgezeichnete Kaubeschäftigung. Allerdings sollte man die Knorpelringe der Luftröhre der Länge nach aufschneiden. Nicht selten kommt es nämlich vor, dass sie sich um die Zunge des Hundes legen und diese einschnüren.

info

HYGIENE-REGELN FÜR DEN UMGANG MIT ROHEM FLEISCH:

- Beim Einkaufen auf den Frischezustand achten
- Kühlkette möglichst wenig unterbrechen, d.h. am besten für den Transport eine Kühltasche benutzen und Fleisch sofort in den Kühlschrank legen oder einfrieren
- Hackfleisch und gewolftes Fleisch sofort verwenden oder einfrieren
- Getrennte Gerätschaften für die Bearbeitung des Fleischs benutzen; dabei auf glatte Oberflächen (z.B. der Schneidbretter) achten und nach Gebrauch gründlich mit heißem Wasser und Spülmittel oder in der Spülmaschine reinigen
- Kühlschrank auf unter 7°C, Gefrierschrank auf unter 18-20°C einstellen
- Nach der Bearbeitung des Fleischs sorgfältig die Hände waschen
- Desinfektionsmittel sind in Privathaushalten überflüssig

Quelle: Bayerisches Landesamt für Gesundheit und Lebensmittelsicherheit, modifiziert

Ein bisweilen auftretendes Phänomen nach Fütterung sehr harter Knochen wie Markknochen, Oberschenkel- und Oberarmknochen von Rind und Pferd oder Ochsenschwanz sind so genannte Zahnfrakturen, d.h. ein An- oder Abbrechen des Zahnes. Am häufigsten davon betroffen sind die Schneidezähne, die Eckzähne, die oberen Reißzähne und die unteren ersten Backenzähne. Aufgrund der sehr dünnen Zahnschmelzschicht beim Hund ist eigentlich immer die Zahnhartsubstanz und schnell auch die Zahnhöhle, die Blutgefäße und Nerven enthält, mit betroffen. Im letzten Fall kann es zu einer sehr schmerzhaften Entzündung der Zahnhöhle und zu einer Verfärbung, eventuell zum Absterben des Zahns kommen. Deshalb müssen Zahnfrakturen immer vom Tierarzt überprüft und im Zweifelsfall auch behandelt werden, zumal die Fraktur bis zur Zahnwurzel reichen kann. Um solch aufwändige Behandlungen zu vermeiden, sollten sehr harte Knochen nicht oder nur Hunden gegeben werden, die bekanntermaßen Knochen lediglich benagen und nicht darauf herumbeißen.

Keine Verletzungs-, aber eine Verstopfungsgefahr geht von einer zu großen Menge an Knochen aus. Es kommt zur so genannten Knochenkot-Bildung: Der Kot im Dickdarm verhärtet sich durch die unverdaute Knochensubstanz so stark, dass er nicht weiterbefördert werden kann. Es entwickelt sich eine akute Verstopfung, in deren Verlauf der Kot durch Wasserentzug noch weiter eindickt. Die Verstopfung ist schmerzhaft für den Hund und muss meistens mit viel Geduld, Infusionen, Klistieren und einer Dickdarmspülung vom After aus behandelt werden. Um dem Tier diese Prozedur zu ersparen, sollten keinesfalls mehr als 10 Gramm Knochen pro Kilogramm Körpergewicht und Tag gefüttert werden und der Knochenanteil an der Ration nicht mehr als 3 bis 5% ausmachen. Hühnerhälse mit einem hohen Fleischanteil können bis zu 10% des gesamten Futters darstellen. Etwa ein Gramm Knochen pro Kilogramm Körpergewicht am Tag reicht bereits für eine Ergänzung der Kalzium- und Phosphorversorgung aus. Weil aber die Kautätigkeit des Hundes angeregt wird und damit, ohne dass es sich wissenschaftlich beweisen lässt, vermutlich sowohl die Psyche als auch die Zahngesundheit profitieren, ist eine Knochenfütterung in kleinem Maße durchaus wünschenswert.

info

HYGIENE-REGELN ZUR VERMEIDUNG DER ÜBERTRAGUNG VON KRANKHEITSERREGERN VON HUND ZU MENSCH:

- Zwischen Kontakt mit dem Hund und Essensaufnahme Hände waschen
- Entwurmung des Hundes mit Praziquantel im 6-Wochen-Abstand

6.3. Mängel und Überversorgungen

Auch, wenn man des öfteren die Überzeugung hört, „die Hunde seien längst ausgestorben, wenn die richtige Nährstoffversorgung wirklich so wichtig sei", „der Mensch rechne auch nicht jeden Tag aus, ob er das Richtige esse" und „die Natur ernähre den Hund auch nicht nach wissenschaftlichen Erkenntnissen", so bleibt es eine Tatsache, dass ein hoher Anteil der BARF-Rationen unausgewogen zusammengesetzt ist. Es ist nun einmal nicht so leicht, bei der häuslichen Fütterung das Beutetier mit allen seinen Bestandteilen zu „kopieren". So braucht zum Beispiel der Hund im Vergleich zum Menschen die fünffache Menge an Zink pro Tag. Gerade Besitzer, die sich aus gesundheitlichen Gründen gegen Fertigfutter entscheiden, sollten ein Interesse daran haben, ihr Tier in jeder Hinsicht bedarfsgerecht zu ernähren. Es kann deswegen nicht oft genug betont werden, wie wichtig eine Berechnung der Ration ist – im Zweifelsfall auch deren Zusammenstellung oder Überprüfung durch einen Fachmann oder eine Fachfrau – und dass eine Ergänzung nach Gefühl mit ein wenig Eierschale nicht zu einer korrekten Versorgung des Hundes führt.

Abzuraten ist dagegen von einem kurweisen oder auch dauerhaften Verabreichen bestimmter Präparate, ohne den wirklichen Bedarf des Hundes festzulegen. Auf dem Markt sind vermeintlich „gesunde und natürliche" Algenpräparate, deren genaue Zusammensetzung nicht bekanntgegeben wird, so dass völlig unklar bleibt, ob der Hund am Ende mit den richtigen, seinem Bedarf entsprechenden Mineralstoffen und Vitaminen versorgt wird.

6.3.1. Mineralstoffe

Von besonderer Bedeutung sind, wie schon im Kapitel 3 erklärt, der Kalziumgehalt der Nahrung sowie das Kalzium-Phosphor-Verhältnis. Hier liegt auch die häufigste und folgenschwerste Fehlerquelle selbst zubereiteter Nahrung. Ein Zuviel an Kalzium aus dem Bedürfnis heraus, unkontrolliert Mineralstoffe zu ergänzen oder bei exzessiver Knochenfütterung hat in der

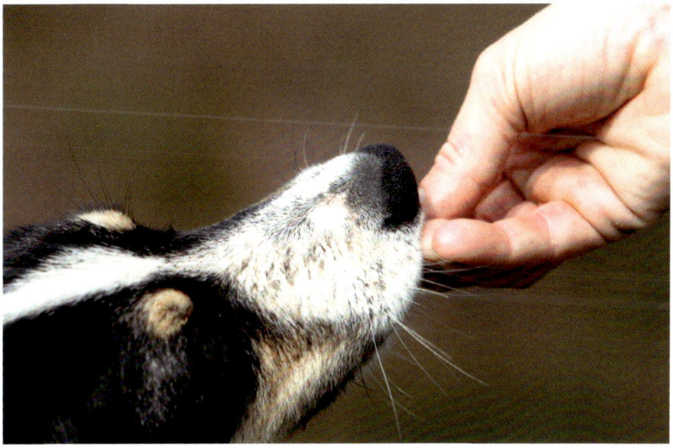

Vergangenheit bereits zu schweren Skelettentwicklungsstörungen bei Junghunden geführt. Die Fähigkeit des Körpers, auf sich ändernde Kraft- und Gewichtsverhältnisse mit einem Umbau der Knochen zu reagieren, geht aufgrund von Hormonausschüttungen als Reaktion auf den Kalziumüberschuss verloren. Das ist vor allem beim wachsenden Hund fatal, aber auch im Erwachsenenalter muss der Knochen sich stets neuen Anforderungen anpassen können. Außerdem wird bei hohen Kalziumgaben die Aufnahme anderer Mineralstoffe, z.B. Zink und Kupfer, behindert.

Füttert man dagegen viel Fleisch, wie es beim BARFen ja der Fall ist, ohne Kalzium zu ergänzen, dann liegt ein deutlicher Phosphorüberschuss vor. Der Körper des Hundes reagiert darauf, indem er Kalzium aus den Knochen freisetzt und diese längerfristig eine eher bindegewebige als knochige Struktur bekommen. Man bezeichnet dieses durch weiche, biegsame Knochen und Zahnausfall gekennzeichnete Krankheitsbild als sekundären nutritiven Hyperparathyreoidismus.

Eine Blutuntersuchung gibt übrigens keinen Aufschluss über derartige Fütterungsfehler, weil der Körper ja gerade darauf ausgelegt ist, den Blutspiegel der Mineralstoffe konstant zu halten - in diesen Fällen auf Kosten des Skelettes.

Weitere bekannte Mangelernährungszustände bei selbst zubereiteten Rationen sind die bezüglich einiger Spurenelemente, speziell Jod, Zink und Kupfer.

Eine Jodunterversorgung führt zu einer Vergrößerung der Schilddrüse, in der unter Verwendung von Jod den Stoffwechsel ankurbelnde Hormone gebildet werden. Durch die Größenzunahme versucht das Organ, die aufgrund der Jodmangelsituation ungenügende Hormonproduktion auszugleichen, was aber natürlich nicht gelingen kann. Sichtbare Symptome der fehlenden Hormone sind ein allgemeiner Leistungsabfall des Hundes, Lethargie und Fellprobleme wie Schuppen, glanzloses Haarkleid oder Haarausfall. Nicht jede Schilddrüsenunterfunktion geht allerdings auf einen Jodmangel zurück. Im Gegenteil handelt es sich dabei in der überwiegenden Mehrzahl der Fälle um ein vom Körper ausgelöstes Geschehen ungeklärter Ursache mit einem starken Verlust an funktionsfähigem Schilddrüsengewebe. Dennoch ist natürlich auf eine ausreichende Jodversorgung als Grundvoraussetzung für eine funktionierende Schilddrüse zu achten. Dafür reicht nicht einmal eine hin und wieder eingestreute Fütterung von Fisch. Soll der Jodbedarf eines Hundes von 20 Kilogramm zum Beispiel rein durch Fisch gedeckt werden, dann müsste er je nach Art des Fisches etwa 100 bis 300 Gramm Seefisch pro Tag erhalten, und bei diesen Mengen wird es problematisch mit den im Fisch enthaltenen Thiaminasen *(siehe Kapitel 6.1.)*. Ein jodhaltiges Mineralfutter eignet sich zur Ergänzung dieses Spurenelements am besten, nicht ohne dass die bereits über das Futter verabreichte Menge an Jod mit eingerechnet wird.

Ebenfalls mit Veränderungen an Haut und Haarkleid geht ein Zinkmangel einher. Haarausfall, eine verdickte, rissige Haut und Aufhellungen des Fells können Anzeichen einer Unterversorgung mit diesem Spurenelement sein. Leberfütterung leistet einen guten Beitrag zur Zinkversorgung, und Rindfleisch enthält ebenfalls relativ viel Zink. Oft muss dennoch der Bedarf durch Zugabe eines Mineralfutters gedeckt werden.

Kupfermangelzustände wurden bereits bei ausschließlich mit Fleisch ernährten Welpen beobachtet. Sie führten zu einer Graufärbung der Haare um Augen und Nase, einer Blutarmut und Störungen in der Knorpelbildung mit nachfolgender O- oder X-Beinigkeit sowie Durchtrittigkeit.

Auch in Bezug auf die Spurenelemente ist eine Blutuntersuchung wenig hilfreich. Liegen die Werte lange Zeit deutlich unterhalb der Normalwerte, dann ist von einer gravierenden Unterversorgung auszugehen. Weniger ausgeprägte Mangelerscheinungen äußern sich jedoch nicht sicher anhand der Blutkonzentration.

6.3.2. Vitamine

Einen Mangel an den wasserlöslichen Vitaminen wird man durch die BARF-Fütterung nicht auslösen können und ein Überschuss dieser Vitamine wird einfach ausgeschieden. Anders sieht es mit den fettlöslichen Vitaminen, speziell Vitamin A und E aus.

Durch eine überhöhte Leberfütterung (Richtwert für die Fütterung sind 0,5 bis 1 Gramm Leber pro Kilogramm Körpergewicht des Hundes am Tag) kann es zu einer Vitamin A-Überversorgung kommen. Mehr als 10 Gramm pro Kilogramm und Tag sollten es auf keinen Fall sein, wobei ruhig die wöchentliche Ration auf einmal gegeben werden

kann. Eine so genannte Vitamin A-Hypervitaminose *(Überversorgung)* äußert sich durch Appetitlosigkeit, Gewichtsverlust, Übelkeit, Erbrechen und schnelle Ermüdbarkeit. Zusätzlich können Haut- und Zahnfleischentzündungen, Knochen- und Gelenksschmerzen, z.B. eine Versteifung der Halswirbelsäule, sowie Leberfunktionsstörungen auftreten.

Dagegen wird bei fehlender Leberfütterung und ohne Ergänzung von Vitamin A durch spezielle Präparate eine Unterversorgung eintreten. Auch sie hat Auswirkungen auf die Gesundheit der Haut und Schleimhäute, so dass Überschuss und Mangel ganz ähnliche Symptome hervorrufen können. Geringere Futteraufnahme, Hautentzündungen und eine erhöhte Anfälligkeit gegen Infektionen und Parasiten gehören zum Symptombild des Mangels ebenso wie Bindehautentzündungen, Hornhauttrübungen, Koordinationsstörungen und Störungen im Knochenwachstum.

Wird Vitamin D nicht entsprechend ergänzt, kann man auch bei diesem Vitamin eine Mangelsituation auslösen. Diese schlägt sich wie eine unzureichende Kalziumversorgung in einer schlechten Mineralisation der Knochen nieder, bekannt als Rachitis. Dagegen fördert ein zu hoher Vitamin D-Spiegel die Ausschüttung von Kalzium und Phosphor ins Blut mit der Folge von blutigem Durchfall, Gefäß- und Nierenverkalkungen. Mehr als das 10-fache des Normalbedarfs an Vitamin D darf daher nicht gegeben werden.

7 BARFEN IN BESONDEREN LEBENSSITUATIONEN

7.1. Junge Hunde

Bei der Ernährung wachsender Hunde ist es noch wichtiger als beim erwachsenen Tier, auf die richtige Nährstoffzusammensetzung zu achten. Wie bereits bei der Beschreibung der Mineralstoffe und der Folgen falscher Dosierung von Kalzium und Phosphor erklärt wurde, haben Unausgewogenheiten auf diesen Gebieten, aber auch eine Zufuhr von zu viel Energie unter Umständen schwerwiegende Auswirkungen auf die Skelettentwicklung, vor allem bei großen Hunderassen. Eine Überprüfung der Ration durch einen Fachmann wird daher bei jedem selbst zubereiteten Futter von Junghunden dringendst empfohlen *(Adressen siehe Kapitel 5)*. Die Bedarfswerte der verschiedenen Rassen hängen sehr von ihrer Entwicklungsgeschwindigkeit und dem Endgewicht ab, so dass alle angegebenen Richtwerte nur der groben Orientierung dienen können.

Eine Übersicht über den Energiebedarf wachsender Hunde in Abhängigkeit von ihrem zu erwartenden Endgewicht gibt folgende Abbildung:

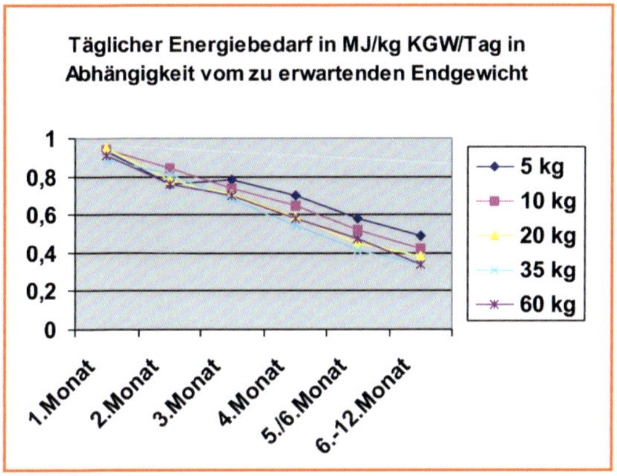

Die der Abbildung entnehmbaren Bedarfswerte sind Empfehlungen – je nach Ernährungszustand, Wachstumsverlauf und Aktivitätslevel sind die tatsächlichen Gaben dem individuellen Tier anzupassen. Dabei ist zu bedenken, dass mit zu viel Energie versorgte Junghunde nicht fett werden, sondern schneller wachsen und besonders „prächtig" aussehen, was aber in Wirklichkeit nicht wünschenswert ist. Das Tier wächst dann schneller und bildet mehr Muskelmasse, als es seine Knochen vertragen können. Die erhöhten Druck- und Scherkräfte, die auf die Gelenke wirken, sind dabei nur ein Teil der Problematik. Bei Untersuchungen zur Energieüberversorgung an veterinärmedizinischen Universitäten zeigte sich, dass bei mit Energie überversorgten Hunde in weitaus höherem Maße Fehlstellungen wie eine Überstreckung des Handwurzelgelenk *(so genannte Durchtrittigkeit)* oder X-Stellungen der Kniegelenke vorkamen. Das brachte Wissenschaftler zu dem Schluss, dass nicht nur das höhere Körpergewicht, sondern auch das zu schnelle Wachstum der Knochen an sich Probleme auslöst. Fütterungsabhängig wird eine größere Menge bestimmter Hormone produziert, die Knorpelzellen aus den zunächst knorpelig angelegten Knochen zu einer vermehrten Teilung anregen. Der Knochen wächst dadurch so schnell, dass die Einlagerung von Mineralien oft nicht mitkommt. Das kann, neben anderen Faktoren, die Ursache der Skelettfehlstellungen sein. Untersuchungen der Universität München haben gezeigt, dass zwei Drittel der mit Lahmheiten oder Stellungsfehlern vorgestellten Junghunde zu schnell gewachsen waren.

Zur Versorgung mit hochwertigen Aminosäuren für den Organ- und Muskelaufbau sind das beim BARFen als Hauptnährstoffquelle verwendete Fleisch sowie Schlachtabfälle, aber auch Milchprodukte gut geeignet. Die Deckung der notwendigen Energie muss dabei natürlich beachtet werden und macht in den meisten Fällen die Zugabe von Rindertalg und Pflanzenölen notwendig. Der Rohfasergehalt der Ration sollte bei 1,5 bis 2% liegen.

Aufgrund schwankender Gehalte an Mineralstoffen und Vitaminen in Einzelfuttermitteln ist es empfehlenswert, die Ergänzung von Mengen- und Spurenelementen sowie Vitaminen über ein vitaminisiertes Mineralfutter vorzunehmen, damit die in engen Grenzen zu haltenden Bedarfszahlen des Junghundes sicher erfüllt werden. Wer auf Knochenfütterung zur Kalziumergänzung besteht, muss den Bedarf und die angebotene Dosis an Kalzium gut im Auge behalten und auch darauf achten, ob die vorgesehene Menge an Knochen tatsächlich gefressen wird. Das Kalzium-Phosphor-Verhältnis spielt beim wachsenden Hunde eine entscheidende Rolle und sollte in engen Grenzen bei 1,3 : 1 gehalten werden. Wenn das Verhältnis stimmt, dann werden auch kurzfristige Unterschreitungen der absoluten Zahlen bis zu 20% vom Hundekörper toleriert. Der Kalziumbedarf ist aufgrund der Mineralisierung der Knochen

Lebensmonate	5 kg Endgewicht		10 kg Endgewicht		20 kg Endgewicht		35 kg Endgewicht		60 kg Endgewicht	
	Ca	P	Ca	P	Ca	P	Ca	P	Ca	P
1.	420	265	445	275	470	290	445	280	475	295
2.	390	205	440	230	520	265	585	300	555	285
3.	400	190	450	215	490	230	520	245	520	245
4.	355	170	385	180	405	190	380	180	420	195
5./6.	240	130	255	135	250	135	250	135	305	160
7.-12.	130	85	130	85	145	90	145	90	140	90

Bedarf an Kalzium und Phosphor im Verlauf des Wachstums (mg/kg Körpergewicht), (Quelle: 3)

in den ersten drei Lebensmonaten besonders hoch. Danach nimmt er deutlich ab *(siehe Tabelle oben)*.

Der Bedarf an Mengen- und Spurenelementen unterscheidet sich teilweise recht drastisch von dem erwachsener Hunde – bei allen Mineralstoffen mit Ausnahme von Selen liegt er beim Junghund deutlich höher, wie die folgende Tabelle zeigt.

Bedarf (mg/kg KGW)	3.-4.Lebensmonat	5.-6.Lebensmonat	7.-12.Lebensmonat	Erwachsener Hund
Magnesium	21-23	17	13	12
Natrium	73-88	60	53	50
Kalium	75-91	65	57	55
Chlorid	110-150	100	90	75
Eisen	3,5-4,8	3,0-3,7	1,7-1,9	1,4
Kupfer	0,3-0,5	0,2-0,3	0,1-0,2	0,1
Zink	3,3-4,1	3,9-5,1	1,7-2,1	1,0
Jod	50	50	50	15
Selen	5	5	5	5

Bedarf in mg pro kg Körpergewicht von Junghunden an Mineralstoffen. Schwankungsbreiten sind abhängig von Rasse und Gewicht (Quelle: 3)

Für Welpen und Junghunde müssen Fleisch und Schlachtabfälle anfangs stark zerkleinert werden, damit sie die Rationen richtig fressen können. Normalerweise gewöhnen sich aber gerade junge Tiere schnell an die Rohfütterung.

info

WICHTIGES FÜR DIE FÜTTERUNG VON JUNGHUNDEN

- Genaue Überprüfung der Ration auf Energie- und Kalziumgehalt sowie das Kalzium-Phosphor-Verhältnis
- Sicherstellung der Versorgung mit Mineralstoffen, am besten über vitaminisierte Mineralfutter

7.2. Ältere Hunde

Wie ist „Alter“ eigentlich definiert? Im medizinischen Sinne durch die herabgesetzte Fähigkeit des Körpers, sich Stress jeglicher Art anzupassen. Physiologische und biochemische Vorgänge im Organismus verlaufen langsamer, manchmal auch unzureichender. Zum Thema „Stress“ gehören auch Infektionserreger, mit denen sich jedes Individuum auseinandersetzen muss – der Abwehr des alten Tieres fällt es schwerer, schnell und kompetent „zurückzuschlagen“. Die Zellen teilen sich bewiesenermaßen im Alter langsamer, so dass Regenerationsvorgänge länger dauern. Die äußerlich sichtbare Aktivität sinkt zwar in der Regel auch, ist aber nicht in jedem Fall ein Indikator dafür, dass der Zeitpunkt erreicht ist, an dem ein Hund „alt“ ist. Umgekehrt kann ein biologisch gesehen alter Hund noch sehr aktiv sein.

Anhand statistischer Auswertungen kann man feststellen, dass Hunde ab einem bestimmten Alter verstärkt zu Krankheiten neigen und hat diesen, genetisch festgelegten, Zeitpunkt als Beginn des Seniorenalters definiert. In Zahlen ausgedrückt: Bei Riesenrassen wie Doggen oder Neufundländern spricht man bereits bei sechsjährigen Tieren vom Alter, bei Schäferhunden oder Retrievern ein bis zwei Jahre später, während Hunde von der Größe eines Spaniels ab acht bis neun Jahren als alt gelten und noch kleinere Rassen erst ab zehn.

Dass die Ansprüche an die Nahrung sich mit den Vorgängen im Körper verändern, ist keine Erfindung der Fertigfutterindustrie – die eine ganze Palette an Seniorfuttermitteln anbietet - , sondern eine Tatsache. Allerdings ist mit dem BARFen bereits einer der wichtigen Eckpunkte eines Seniorenfutters erfüllt: Aufgrund der sich verschlechternden Resorptionsleistung des Darmes benötigen ältere Hunde gegenüber jüngeren zwar die gleiche Menge, dafür aber besonders hochwertiges, gut verdauliches Eiweiß. Das wird über die Gabe des beim BARFen verwendeten Grundnahrungsmittels Fleisch sicher zugeführt. Eine Ausnahme stellen Nierenpatienten dar *(siehe Kapitel 7.3.)*. Mit Eiweißen bester biologischer Wertigkeit ist ein roh gefütterter Hund also ohnehin versorgt. Dem gegenüber steht die

Empfehlung, Hundesenioren mit 45 bis 50 mg Phosphor pro Kilogramm und Tag zu versorgen und diesen Wert auch nicht deutlich zu überschreiten, im Gegensatz zu den Richtwerten bei erwachsenen Hunden, die einen Gehalt von über 100 mg/kg/Tag tolerieren. Ältere Hunde sind jedoch anfälliger für Nierenfunktionsstörungen, die der Körper lange unbemerkt kompensieren kann, so dass bereits eine beginnende Schädigung vorliegen kann, ohne dass Symptome auftreten. Hohe Phosphorgehalte im Futter treiben eine solche unbemerkte Nierenschädigung voran. Das ist der Grund für die recht strikten Richtwerte. Allerdings sind BARF-Rationen in der Regel sehr phospatreich, weil Phosphor zu einem hohen Anteil im Fleisch und in Schlachtabfällen enthalten ist, so dass hier ein schwieriger Spagat nötig ist. Generell empfiehlt sich relativ fettes Fleisch, das im Vergleich weniger phosphatreich ist, und das Ersetzen eines Teils des Fleischs durch Quark, dessen Eiweiß ebenfalls hochwertig ist, aber weniger Phosphat enthält. Hühnerhälse enthalten mehr als die dreifache Menge Phosphor wie Rindfleisch und sind deshalb für die Fütterung von älteren Hunden weniger gut geeignet.

Ein zweiter Kernpunkt in der Fütterung alter Hunde ist die Reduzierung der Energiezufuhr gegenüber dem Bedarf, der für erwachsene

Tiere angegeben wird, um etwa 30%. Gewichtszunahme im Alter ist kein Schicksal, sondern die Folge einer nicht dem sinkenden Energiebedarf angepassten Fütterung. Weil auf der anderen Seite gerade für alternde Herzen und Gelenke die Belastung möglichst gering sein sollte, lohnt es sich, auch den Senior auf seinem Idealgewicht zu halten. Genaue Angaben zur Energieversorgung finden sich in der Tabelle auf Seite 46.

Die Versorgung mit Spurenelementen ist zu sichern und teilweise aufzustocken. Der Zinkbedarf wird bei alten Hunden mit 2 mg/kg/Tag doppelt so hoch angesetzt wie beim erwachsenen Hund. Zink ist wesentlicher Bestandteil vieler Reparaturenzyme, so dass durch ausreichende Versorgung Zellschäden zum Teil vermieden werden können. Darüber hinaus dient es der Immunabwehr. Eine Überversorgung sollte aber vermieden werden, weil sich aufgrund dessen ein Kupfermangel einstellen kann. Ebenso ist die Versorgung mit Vitamin A in engen Grenzen zu halten, weil die Leberfunktion älterer Hunde Überschüsse schlechter toleriert. Mit der Fütterung von Leber sollte man daher bei Senioren zurückhaltend sein, zumal sie auch sehr phosphorreich ist. Eine ausreichende Versorgung mit allen Vitaminen ist auf der anderen Seite aber natürlich sicherzustellen. Grundsätzlich kann der Bedarf eines alten Hund an wasserlöslichen Vitaminen aufgrund schlechterer Aufnahmeleistungen aus dem Darm und eventueller Verluste über die Niere ruhig doppelt so hoch angesetzt werden wie für das erwachsene Tier angegeben.

Der Rohfasergehalt sollte etwas höher sein als in einer Ration für jüngere Hunde, darf also ruhig über 1,5% liegen. Damit wird sichergestellt, dass die Darmeigenbewegungen in Gang bleiben, die bei älteren Tieren aufgrund der herabgesetzten Aktivität mitunter zurückgehen. Außerdem beeinflussen vor allem pektinreiche Futtermittel oder Fructooligosaccharide die Darmflora insofern positiv, als dass die sich ansiedelnden Bakterien für einen Abbau von Eiweißen sorgen, deren Abfallprodukte ansonsten die Nieren belasten würden.

Besonders ins Auge zu fassen ist die Häufigkeit von Zahnerkrankungen gerade bei alten Hunden. Eine gute Zahnpflege mit jährlichen Kontrollen beim Tierarzt ist auch im jungen Alter schon sinnvoll. Bei roh gefütterten Hunden bekommen Zahnerkrankungen eine besondere Relevanz, weil die Tiere rohes Fleisch und Schlachtabfälle unter Umständen nicht mehr richtig zerkauen können. Es ist daher besonders wichtig, auf einen optimalen Zustand des Gebisses zu achten und, falls nötig, das Futter zu zerkleinern oder sogar zu wolfen.

Ein Problem, das bei Fertigfuttermitteln nicht selten auftritt, ist die nachlassende Fresslust älterer Hunde. Bei der Rohfütterung ist die Akzeptanz aber in der Regel so hoch, dass man dem Tier das Futter nicht schmackhaft machen muss. Sollte das doch der Fall sein, dann empfiehlt sich ebenfalls die Zerkleinerung, unter Umständen der Zusatz von etwas Fisch, Bierhefe oder einem für das individuelle Tier angenehmen Nahrungsmittel.

info

WICHTIGES FÜR DIE ROHFÜTTERUNG VON HUNDESENIOREN:

- Um 30% reduzierter Energiegehalt der Ration
- Phosphatzufuhr mittels geeignetem Fleisch und Ersatz durch Quark begrenzen
- Leber nur in geringen Mengen füttern
- Erhöhten Spurenelement- und Vitaminbedarf berücksichtigen
- Nahrung dem Zustand der Zähne entsprechend zerkleinern

7.3. Chronisch kranke Tiere

Generell gilt bei medizinischen Problemen: Kein Buch und kein Tipp im Internet kann die Beratung durch den Tierarzt, genau bezogen auf das individuelle Tier, seine Krankengeschichte und Befunde ersetzen. Fragen Sie daher unbedingt Ihren Tierarzt nach Einzelheiten zur Fütterung, wenn bei Ihrem Hund eine länger andauernde oder gar dauerhafte Gesundheitsstörung festgestellt wurde. Dieses Buch beschränkt sich auf einige wenige Erkrankungen, die die Situation bei BARFen verändern, und gibt einen groben Abriss über die notwendigen Fütterungsumstellungen.

7.3.1. Diabetes mellitus

Die Zuckerkrankheit, wie der Diabetes im Volksmund heißt, kommt entgegen landläufiger Überzeugung nicht durch eine überhöhte Fütterung von Zucker oder Kohlenhydraten zustande. Es gibt vielmehr zwei Ursachen eines Diabetes:

- *a) Typ I – durch Erschöpfung oder Zerstörung der Zellen in der Bauchspeicheldrüse, die das Hormon Insulin produzieren, ist diese Produktion nicht ausreichend.*
- *b) Typ II – es wird ausreichend Insulin produziert, die Körperzellen sprechen aber nicht mehr auf das Hormon an*

Diese Einteilung ist zurzeit in Veränderung begriffen und nicht immer ganz so klar zu treffen, was aber für die praktischen Auswirkungen für den Hundebesitzer keine Rolle spielt. Wichtig zu wissen ist, dass an Diabetes erkrankte Hunde die im Blut befindliche Glucose *(Blutzucker)* nicht richtig verwerten können. Dem Körper wird dadurch suggeriert, dass ein Energiemangel herrscht, und er bildet deswegen noch neue Glucose dazu und baut Fette ab. Das führt zu einem starken Anstieg des Blutzuckers einerseits und Abbauprodukten aus dem Fettabbau andererseits, die akut oder auf Dauer zu Organschädigungen führen können. Ziel der Therapie ist es deshalb, zum einen die vorhandene Energie für den Hund verwertbar zu machen, zum anderen starke Schwankungen des Blutzuckerspiegels zu vermeiden. Man erreicht dies durch das Spritzen von Insulin und eine den Begebenheiten angepasste Fütterung.

Im Detail heißt das für die Ernährung:

- *Die tägliche Ration und ihre Nährstoffzusammensetzung muss vollkommen konstant bleiben, da es schwierig genug ist, den Hund auf die richtige Insulindosierung einzustellen und man ein immer neues Anpassen vermeiden muss.*
- *Eine häufige Fütterung (dreimal täglich) kleinerer Portionen verhindert starke Blutzuckerschwankungen.*
- *Schnell verfügbare Zucker sollen nicht gefüttert werden.*
- *Der Zusatz von Fasern zum Futter verhindert eine schnelle Aufnahme des Blutzuckers aus dem Darm und hält so den Blutzuckerspiegel konstanter.*

Wer sich die Disziplin zutraut, konstante Rationen zu füttern und die Arbeit nicht scheut, kann aber durchaus auch selbst zubereitetes Futter geben. Neben rohem Fleisch, das sich als hochwertiger Einweißlieferant sehr gut zur Ernährung eines Diabetikers eignet, ist aber ein erhöhter Rohfaseranteil notwendig. Langsam steigernd wird Guar oder Weizenkleie zum Futter gegeben. Dass der Kohlenhydratanteil in BARF-Rationen ohnehin gering ist, wirkt sich für den Diabetes-Patienten günstig aus und spart auch die Menge an Fasern ein, die zugefüttert werden muss.

Rohfütterung ist demnach bei gleich bleibenden Rationen und dreimal täglicher Fütterung eine gut praktizierbare Ernährungsform für diabetische Hunde.

info

Rohfütterung ist bei gleich bleibenden Rationen und dreimal täglicher Fütterung eine gut praktizierbare Ernährungsform für diabetische Hunde.

7.3.2. Niereninsuffizienz

Ein häufig vor allem bei älteren Hunden auftretendes Krankheitsbild ist eine chronische Nierenschwäche. Aufgrund von Schädigungen ganz verschiedener Ursachen wie Entzündungen oder krankhaften Eiweißeinlagerungen in der Niere fällt ein Teil des Nierengewebes aus. Das verbleibende Gewebe steigert seine Leistung, um die Nierenfunktion aufrecht zu erhalten. Daher sind im Anfangsstadium keine Symptome zu bemerken; der Hund entwickelt unter Umständen aber bereits einen Bluthochdruck. Durch die körpereigenen Maßnahmen zur Steigerung der Nierenleistung wird auf Dauer mehr und mehr Nierengewebe in Mitleidenschaft gezogen. Erst bei Ausfall von zwei Dritteln des Nierengewebes werden Symptome wie vermehrter Durst und daraus resultierender Harndrang, schlechter Appetit, unangenehmer Mundgeruch und eventuell Erbrechen offenbar. Der Prozess kann zwar nicht geheilt und auch nicht gestoppt, aber durch geeignete Maßnahmen verlangsamt werden. Um frühzeitig gegensteuern zu können, empfiehlt sich daher bei älteren Hunden eine jährliche Untersuchung der Nierenwerte im Blut. Zur Unterstützung des verbliebenen Nierengewebes wendet man neben den Blutdruck senkenden Medikamenten mit nierenschützenden Eigenschaften vor allem eine Fütterung an, die die Niere möglichst wenig belastet. Das ist, es wurde in früheren Kapiteln bereits angesprochen, eine Diät mit relativ wenig, aber hochwertigem Eiweiß und einem niedrigen Phosphatgehalt. Der reduzierte Eiweißanteil führt zu einem geringeren Anfluten von Harnstoff im Blut; eine Substanz, die von der Niere mühsam gefiltert und ausgeschieden werden muss. Je weniger Harnstoff entsteht, desto schonender ist das demnach für das Ausscheidungsorgan. Auch das Filtern von Phosphor belastet das Nierengewebe so stark, dass eine Reduktion im Futter nachweislich zu einem die Krankheit hinauszögernden Effekt führt und die Symptome sogar verbessert. Ideal ist ein Verhältnis von 8 bis 10 g Eiweiß pro MJ zugeführter Energie – im Erhaltungsstoffwechsel sind wir von der Idealzahl 10 bis 15 : 1 ausgegangen. Die Phosphatzufuhr sollte auf 45 mg/kg Körpergewicht begrenzt werden.

Mit einer klassischen BARF-Ration ist dieses Ziel leider nicht zu erreichen, weil die Eiweiß- und Phosphorzufuhr aufgrund ihres reichlichen Vorkommens im Fleisch eigentlich immer weit über dem Bedarf liegen. Die obere Tabelle auf Seite 48 zeigt das Verhältnis von Eiweiß zu Energie in den verwendeten Fleischsorten, die alle weit über den geforderten Werten von 8 bis 10 liegen.

Man kann daher für Nierenpatienten nicht auf einen Kohlenhydratanteil verzichten. Die deutlich geringeren Eiweiß- und Phosphatgehalte von Reis, Nudeln oder Hirse, die selbstverständlich gekocht werden müssen, gleichen die hohen Gehalte im Fleisch wieder aus. Außerdem dienen so genannte fermentierbare Fasern und Kohlenhydrate wie Pektin und Laktulose einer schnelleren Darmpassage und einer Senkung des pH-Wertes im Darm, was dazu führt, dass von Bakterien im Darm produzierter Ammoniak, der ebenfalls die Niere belasten würde, weniger gut vom Körper aufgenommen werden kann. Der Fleischanteil wird reduziert und die Sortenauswahl auf relativ fettreiches Fleisch begrenzt, bei dem die Energiemenge unter Einsparung von Eiweiß schneller erreicht werden kann. Auch fette Milchprodukte, vorzugsweise Sahnequark, kommen in Frage. Durch Rindertalg oder Pflanzenöle kann weitere Energie ergänzt werden. Das Fett hat darüber hinaus den Vorteil, dass es die Akzeptanz des

Futters bei aufgrund der Krankheit oft wenig fressbegeisterten Hunden erhöht. Selbstverständlich kann der Fleischanteil *(weiterhin)* roh gefüttert werden, wenn der Patient es annimmt. Sollte das nicht der Fall sein, dann lohnt es sich, ein wenig zu experimentieren und das Fleisch anzubraten – möglicherweise frisst es der Hund dann lieber.

BEISPIEL FÜR DIE MÖGLICHE FÜTTERUNG EINES 20 KILOGRAMM SCHWEREN, IDEALGEWICHTIGEN NIERENPATIENTEN (Quelle: 2):

- 120 g Brustfleisch vom Schaf, roh
- 50 Kotelett vom Schaf, roh
- 150 g gekochter Reis
- 150 g gekochte Kartoffeln
- 15 g Speiseöl
- 5 g Pfizer VMP-Tabletten
- 4 g Vitamin Optimix Barf
- 2g Marienfelde Vitakalk

Sämtliche anderen roh verfütterbaren Fleischsorten weisen ein deutlich höheres Eiweiß-Energie-Verhältnis auf. Vergleichbar mit dem fetteren Schaffleisch sind Schweinebauch, -kamm und –kotelett. Wer auf gekochtes oder leicht angebratenes Fleisch ausweicht, hat damit eine leichter zu beschaffende Alternative.

info

Reine BARF-Rationen sind für Hunde mit einer chronischen Niereninsuffizienz nicht geeignet. Ein Anteil gekochter Kohlenhydrate ist notwendig, die Auswahl der weiterhin roh verfütterbaren Fleischsorten ist eingeschränkt.

7.3.2. Harnsteine

Harnsteine entstehen in der Harnblase, wenn sich um einen so genannten Kristallisationskern herum Mineralien anlagern. Den Kern können im Urin vorkommende Eiweiße oder auch Fremdkörper, wie zum Beispiel Nahtmaterial, bilden. Vor allem, wenn durch Entzündungen der pH-Wert des Harns steigt, nach anderen Theorien auch bei einer Übersättigung des Urins mit verschiedenen Mineralien, legen sich Kristalle zusammen und werden, wenn sie nicht ausgespült werden, immer größer. Das führt vor allem bei männlichen Hunden, deren Harnröhre enger ist, zu Schwierigkeiten beim Harnabsatz und blutigem Urin. Nieren- oder Harnleitersteine sorgen für kolikartige Bauchschmerzen.

Je nach Zusammensetzung gibt es ganz verschiedene Harnsteine. Eine positive Beeinflussung der Harnsteinbildung ist möglich, jedoch nur bei genauer Kenntnis der Art bereits aufgetretener Steine. Ohne dieses Wissen kann eine veränderte Fütterung die Verhältnisse sonst noch ungünstiger gestalten. Nach einer Operation zur Entfernung eines Harnsteins sollte daher dieser im Labor auf die ihn bildenden Mineralien untersucht werden.

Allgemein sollten Hunde, die schon einmal unter Harnsteinen gelitten haben, möglichst viel Wasser zu sich nehmen, damit die

Mineralien im Urin keine zu hohe Konzentration bekommen.

STRUVITSTEINE

Die häufigste Harnsteinart beim Hund stellen Struvitsteine dar. Sie bestehen aus Magnesium-Ammonium-Phosphat und ihre Entstehung wird in zwei Drittel der Fälle durch eine Blasenentzündung ausgelöst. Der Name „Magnesium-Ammonium-Phosphat" beinhaltet bereits die drei Bestandteile, die zur Auflösung und in der Folge zur Vermeidung der Steine oder auch zur Auflösung kleinerer Steine im Futter reduziert werden müssen:

- *Magnesium*
- *Ammoniak als Abbauprodukt von Proteinen*
- *Phosphat*

Gleichzeitig muss der pH-Wert im Urin über die Fütterung zum Sauren hin beeinflusst werden, weil Struvitsteine sich bei Werten oberhalb von 6,8 bilden können. Am einfachsten ist das bei selbst zubereitetem Futter durch Zusatz von Methionin oder Ammoniumchlorid, das beim Tierarzt erhältlich ist, zu erreichen. Günstig wirkt sich zusätzlich eine ein-, maximal zweimalige Fütterung pro Tag aus. Der Erfolg muss regelmäßig anhand von Teststreifen zur Messung des Urin-pH-Wertes kontrolliert werden.

Deutlich schwieriger ist oben genannte Reduzierung der Bestandteile der Struvitsteine. Hier stellt sich das gleiche Problem wie bei niereninsuffizienten Patienten: Mit klassischer Rohfütterung ist ein Proteinanteil nahe dem Bedarfswert ebenso wenig zu erreichen wie ein niedriger Phosphatgehalt. Hier geht es nur mit einer Kombination aus relativ wenig, dann gerne auch rohem Fleisch und einer größeren Portion Kohlenhydrate, am besten Reis, der ansäuernd auf den Harn-pH-Wert wirkt. Knochen, Eierschale, Gemüse, Kartoffeln und Bananen wirken pH-Wert-erhöhend und sollten daher eher nicht Bestandteil der Ration sein. Außerdem haben auch die gängigen Mineralfutter

einen alkalisierenden *(pH-Wert-erhöhenden)* Effekt, so dass die Herstellung einer speziell dem eigenen Bedarf angepassten Mineralmischung notwendig wird.

Eine Ration selbst zusammenzustellen, ist aus diesen Gründen nahezu unmöglich. Wer unbedingt auf Fertigdiäten verzichten will, sollte sich bei einem Fachtierarzt für Tierernährung und Diätetik eine entsprechende Zusammenstellung berechnen lassen *(Adressen im Kasten auf Seite 50)*.

KALZIUMOXALATSTEINE

Während Struvitsteine zwar noch die bei Hunden am meisten vorkommende Harnsteinart sind, aber ihre Häufigkeit abnimmt, treten immer mehr Kalziumoxalatsteine auf. Man kann sie nicht mithilfe der Fütterung auflösen, jedoch einem Wiederauftreten *(Rezidiv)* vorbeugen. Ihre Bestandteile, deren Anfluten durch die Fütterung vermieden werden soll, sind, wie der Name sagt:

- *Kalzium*
- *Oxalat*

Während uns Kalzium als Mengenelement bekannt ist, bedarf es bei Oxalat einer Erklärung: Oxalsäure entsteht im Körper des Hundes, wenn Glycin, eine Aminosäure, abgebaut wird, und kommt selbst außerdem in hoher Konzentration in Blattgemüse *(Spinat, Mangold)*, Rote Beete und Mandeln vor. Futtermittel mit einem hohen Glycingehalt sind vor allem Schlachtabfälle. Im Gegensatz zu der Diät gegen Struvitstein wird hier ein Anheben des pH-Wertes angestrebt.

Die Kalziumzufuhr soll gerade eben bedarfdeckend sein, was über Fleischfütterung an sich recht gut zu erreichen ist. Auch hier aber ist eine sinnvolle Kombination der Nährstoffe nötig – so soll auch die Versorgung mit Natrium und Vitamin D nahe dem Bedarfswert und Vitamin C ebenfalls knapp dosiert , außerdem auf ansäuernde Futtermittel verzichtet werden - , so dass eine Fertigdiät oder aber die Zusammenstellung einer selbst zubereiteten Ration durch einen fachkundigen Ernährungsberater dringend anzuraten sind.

info

Die Errechnung von BARF-Rationen für Harnsteinpatienten ist wegen des Einflusses auf den Harn-pH zu schwierig. Eventuell kann eine selbstgekochte Diät durch Fachleute zusammengestellt werden.

8 QUELLEN- UND FOTONACHWEISE

Quellenangaben:

- 1. Michael S. Hand, „Klinische Diätetik für Kleintiere, Band 1“, 2003
- 2. Nathalie Dillitzer, „Ernährungsberatung in der Kleintierpraxis“, 2009
- 3. Helmut Meyer, Jürgen Zentek: „Ernährung des Hundes“, 2005
- 4. Aline Silja Schlüter, „Die amtliche Fleischuntersuchung der Tierart Rind in Deutschland: Retrospektiven, Status quo und Perspektiven“, 2006
- 5. Schnieder, Thomas, „Veterinärmedizinische Parasitologie“, 2000
- 6. Chiara Noli, Fabia Scarampella, “Praktische Dermatologie bei Hund und Katze”, 2005
- 7. Carmody, Weintraub, Wrangham, “Energetic consequences of thermal and nonthermal food processing”, 2011
- 8. Martin, Armstrong, Rodriguez, “Dietary protein intake and renal function”, Nutrition and Metabolism, 2005
- 9. Robertson JL et al., « Longe term renal response to high dietary protein in dogs with 75% nephrectomy”, Kidney Int., 1985
- 10. German AJ, Holden SL et al., “A high protein high fibre diet improves weight loss in obese dogs”, 2010
- 11. Handl, Zimmermann, Iben, “Reasons for dog owners to choose raw diets ('BARF') and nutritional adequacy of raw diet recipes fed to dogs in Austria and Germany”, 2012
- 12. Dillinger, Becker, Kienzle, “Intake of minerals, trace elements and vitamins in bone and raw food rations in adult dogs”
- 13. Handl, Illi, Iben, “Apparent digestibility of crude nutrients of raw and cooked rations, with or without cereals, in adult beagle dogs”, 2012
- 14. Belshaw, Cooper, Becker, “The iodine requirement and influence on iodine metabolism an thyreoid function in the adult beagle”, 1975

Fotonachweise:

- Titelfoto: © iStockphoto
- Autorenfoto Umschlag: © privat
- S. 3: © Dixi_ - Fotolia.com
- S. 5: © javier brosch - Fotolia.com, © Petra Kohlstädt - Fotolia.com, © ExQuisine - Fotolia.com, © martanfoto - Fotolia.com, © Carola Schubbel - Fotolia.com
- S. 7: © javier brosch - Fotolia.com
- S. 8: © Barbara Helgason - Fotolia.com
- S. 9: © javier brosch - Fotolia.com
- S. 11: © Petra Kohlstädt - Fotolia.com
- S. 14: Grafik: © Vasilius - Fotolia.com
- S. 16: © javier brosch - Fotolia.com
- S. 19: © cynoclub - Fotolia.com
- S. 20: © OlgaYakovenko - Fotolia.com
- S. 24: © Sergejs Rahunoks - Fotolia.com
- S. 26: © Andres Rodriguez - Fotolia.com
- S. 27: © Scanrail - Fotolia.com
- S. 32: © fotowebbox - Fotolia.com
- S. 33: © Shmara - Fotolia.com
- S. 34: © ExQuisine - Fotolia.com
- S. 37: © K.-U. Häßler - Fotolia.com
- S. 38: © Alexander Raths - Fotolia.com
- S. 39: © Marius Graf - Fotolia.com
- S. 40: © photocrew - Fotolia.com
- S. 41: © ExQuisine - Fotolia.com
- S. 42: © Yantra - Fotolia.com
- S. 43: © cynoclub - Fotolia.com
- S. 45: © Andrey Armyagov - Fotolia.com, © javier brosch - Fotolia.com
- S. 46: © tashka2000 - Fotolia.com
- S. 47: © fotowebbox - Fotolia.com, © margo555 - Fotolia.com
- S. 48: © kittisak_taramas - Fotolia.com
- S. 54: © oxilixo - Fotolia.com
- S. 56: © fotowebbox - Fotolia.com
- S. 58: © fotowebbox - Fotolia.com
- S. 60: © cynoclub - Fotolia.com
- S. 61: © CALLALLOO CANDCY - Fotolia.com
- S. 62: © martanfoto - Fotolia.com

- S. 66: © K.-U. Häßler - Fotolia.com
- S. 69: © eddy02 - Fotolia.com
- S. 70: © Sebastian Wolf - Fotolia.com
- S. 71: © Shmara - Fotolia.com
- S. 72: © cynoclub - Fotolia.com
- S. 73: Grafik: Dr. K. Sauer
- S. 74: © fotowebbox - Fotolia.com
- S. 75: © fotowebbox - Fotolia.com
- S. 76: © biglama - Fotolia.com
- S. 77: © Carola Schubbel - Fotolia.com
- S. 79: © Fly_dragonfly - Fotolia.com
- S. 81: © Kitty - Fotolia.com
- S. 83: © minnie1234 - Fotolia.com
- S. 84: © iStockphoto
- S. 85: © Robert Emprechtinger - Fotolia.com

Titel- und Heftgestaltung:
know | work | create

Minerva
Verlag